铁山坡特高含硫智能气田建设与应用

黄雪松 青 春 文绍牧
刘晓天 王荣德 于 林 ◎等编著

石油工业出版社

内 容 提 要

本书全面总结了铁山坡特高含硫智能气田建设与应用情况,包括气田概况、特高含硫智能气田含义和需求、特高含硫智能气田建设方案及实施、特高含硫智能气田应用成效和经验,对我国特高含硫和高含硫气田及常规油气田的智能化建设具有示范和借鉴价值。

本书可供从事油气田数字化、智能化建设的管理人员和技术人员阅读参考。

图书在版编目(CIP)数据

铁山坡特高含硫智能气田建设与应用 / 黄雪松等编著. -- 北京:石油工业出版社, 2025.5. -- ISBN 978-7-5183-7459-5

Ⅰ. TE38

中国国家版本馆 CIP 数据核字第 2025CW2241 号

出版发行:石油工业出版社
　　　　　(北京安定门外安华里 2 区 1 号楼　100011)
　　　　　网　　址:www.petropub.com
　　　　　编辑部:(010)64523604　图书营销中心:(010)64523633
经　　销:全国新华书店
印　　刷:北京中石油彩色印刷有限责任公司

2025 年 5 月第 1 版　2025 年 5 月第 1 次印刷
787×1092 毫米　开本:1/16　印张:12.25
字数:160 千字

定价:90.00 元
(如出现印装质量问题,我社图书营销中心负责调换)
版权所有,翻印必究

《铁山坡特高含硫智能气田建设与应用》编写组

组　长：黄雪松
副组长：青　春　　文绍牧　　刘晓天　　王荣德
　　　　于　林
成　员：宁永乔　　李　杰　　罗　明　　刘　巍
　　　　于　磊　　任艳辉　　任　阳　　张　航
　　　　林钟灵　　郑晓春　　王永波　　王艳辉
　　　　赖文华　　曾　勇　　汪　洋　　任洪明
　　　　夏　炜　　张修明　　王　普　　张泽伟
　　　　朱　君　　王建平　　李　超　　王平祥
　　　　何　乐　　高　玥　　杨　建　　罗　剑
　　　　黄　丽　　蒋大伟　　乐小陶　　王舟洋
　　　　何俊霖　　冯家智　　张　慧

前言

2000年初，中国石油西南油气田公司(以下简称"西南油气田")在四川省达州市发现的铁山坡气田飞仙关组气藏，硫化氢最高含量16.59%，属于特高含硫气藏，是目前国内已投产气田中硫化氢含量最高的整装气田。由于特高含硫气藏地质成因及流体相态变化规律复杂、天然气具有强腐蚀性和剧毒性等特殊性，导致酸性气藏开发技术难度大，安全条件要求很高，实现安全、清洁、高效开发是世界级难题。国内外特高含硫气田开发生产实践表明，除了在工程技术、工艺、设备和材料等方面采取针对性措施确保高效开发、安全控制和腐蚀防护外，借助信息技术手段进行特高含硫智能气田建设，对开发生产运行全过程进行监测、预警、操控和管理至关重要。

2022年2月，经中国石油批准，西南油气田启动实施"四川盆地铁山坡气田飞仙关组气藏开发产能建设项目"，同步开展特高含硫智能气田示范工程建设，并将之作为中国石油数字化转型智能化发展试点建设的新气田智能化探索应用场景。

2023年5月28日，中国石油首个自主开发的铁山坡特高含硫智能气田上线试运行；2023年6月6日，铁山坡气田全面达产；

2024年7月29日，铁山坡特高含硫智能气田正式上线运行，标志着智能气田全面建成。智能气田建设为保障气田顺利投产和气田投产后平稳高效开发起到了重要支撑作用。

铁山坡特高含硫智能气田建设面临"要求高、难度大、时间紧"等困难，围绕"专业一体化智能协同、开发生产智能管理、安全环保智能管控、经营管理优化决策"四大业务应用场景，以气藏—井筒—地面一体化模型和智能跟踪与诊断、自动优化配产、水合物预测、硫沉积预测、段塞流预测、站场工艺模拟、开停井工况模拟、开停工工况模拟8个智能工作流为核心，通过创新研发水合物和硫沉积形成机理与预测方法、创新研发生产智能管控平台进行数据治理和信息化基础设施建设，实现"全面感知、自动操控、趋势预测、优化决策、协同管控"的气田开发生产新模式，促进了业务和组织变革，提升了管理效率和经济效益，打造了特高含硫气田数字化转型、智能化发展、安全高效开发的样板工程。

本书共五章，全面总结了与铁山坡特高含硫气田开发配套实施的智能气田建设与应用情况。第一章介绍铁山坡气田的气藏特征、勘探开发历程、业务范围、业务流程与组织机构，由任洪明、张修明、赖文华、夏炜等编写；第二章归纳特高含硫智能气田的含义和要素，介绍特高含硫智能气田典型案例，梳理铁山坡特高含硫气田信息化现状与智能化需求，由曾勇、王普、何乐、冯家智等编写；第三章介绍铁山坡特高含硫智能气田建设方案，包括建设目标和内容、架构设计、生产智能管控平台、数据治理、基础设施建设和地面工程建设数字化管理与移交，由汪洋、高玥、李超、何俊霖等编写；第四章介绍建设方案实施组织、实施过程和实施工作量，由王建平、罗剑、王舟洋、张慧等编写；第五章总结铁山坡特高含硫智能气田的应用成效和经验，对后续工作做出展望，由张泽伟、王平祥、蒋大伟、杨建等编写。全书由黄雪松、青春、文绍牧、刘晓天、王荣德、于林统稿和审定。

本书的编写得到中国石油油气和新能源分公司相关单位领导和专家张维智、刘主宸、李志岩，西南油气田分公司相关单位领导和专家宁永乔、李杰、罗明、刘巍、于磊、任艳辉、任阳、张航、林钟灵、郑晓春、王永波、黄丽等的大力支持和帮助。昆仑数智科技有限责任公司赵媛媛、王飞宇、王静、和钰凯、骆新、王大鹏等参与文献及数据管理，乐小陶参与审稿和修改。在此，一并表示衷心感谢！

限于编者水平，书中难免存在不足之处，敬请读者批评指正。

目 录
CONTENTS

第一章 气田概况
第一节 气藏特征 ……………………………………………… (2)
第二节 勘探开发历程 ………………………………………… (14)
第三节 业务范围和组织机构 ………………………………… (17)

第二章 特高含硫智能气田含义和需求
第一节 特高含硫智能气田含义和案例 ……………………… (22)
第二节 气田信息化现状 ……………………………………… (30)
第三节 气田智能化需求 ……………………………………… (35)

第三章 特高含硫智能气田建设方案
第一节 建设目标和内容 ……………………………………… (48)
第二节 设计原则 ……………………………………………… (50)
第三节 架构设计 ……………………………………………… (52)
第四节 生产智能管控平台建设 ……………………………… (64)
第五节 数据治理 ……………………………………………… (99)
第六节 IT 基础设施建设 ……………………………………… (116)

第七节　地面工程建设数字化管理与移交 …………………………………（127）

第四章　特高含硫智能气田建设方案实施

第一节　实施组织 …………………………………………………………（131）
第二节　实施过程 …………………………………………………………（132）
第三节　实施工作量 ………………………………………………………（134）

第五章　特高含硫智能气田应用成效和经验

第一节　应用成效 …………………………………………………………（142）
第二节　经验与展望 ………………………………………………………（181）

参考文献 ……………………………………………………………………（184）

第一章 气田概况

铁山坡气田是目前国内已投产气田中硫化氢含量最高的整装气田。西南油气田公司通过系统总结四川盆地高含硫和特高含硫气田（气藏）开发经验、消化吸收高含硫和特高含硫气田对外合作成果，自主开展大规模科技攻关与现场试验，实现铁山坡特高含硫气田的自主开发和运营。

本章概要介绍铁山坡特高含硫气田的气藏特征、勘探开发历程、业务范围、业务流程和组织机构。

第一节 气藏特征

一、地理特征

铁山坡特高含硫气田位于四川省达州市境内(图1-1-1),紧邻中国石化普光气田大湾—毛坝区块和中国石油的罗家寨、渡口河—七里北等特高含硫气田。区内地形复杂,山势陡峻,沟壑纵横,地貌起伏很大,最高海拔为1581m,最低为353m,相对高差约1200m;地表大面积植被覆盖(图1-1-2),东、西两翼各被50~80m宽常年流水的中河、后河夹持;交通不便,仅两条河岸有公路。

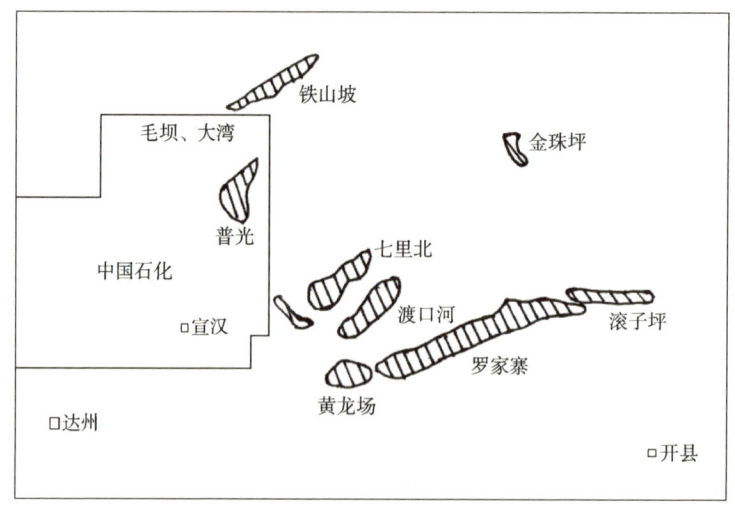

图1-1-1 铁山坡特高含硫气田地理位置示意图

第一章 气田概况

图 1-1-2　铁山坡特高含硫气田地形地貌

二、气藏地质特征

1. 构造特征

铁山坡特高含硫气田飞仙关组气藏在区域构造上处于大巴山弧前褶皱带与川东断褶带交汇处，属川东南中隆高陡构造区双石庙构造群，为黄金口构造带北段的一个主体构造。从铁山坡地区飞四底界构造图（图1-1-3）可以看到，构造复杂、断层发育，构造格局由东向西可分为坡东潜伏构造带、铁山坡构造带及坡西潜伏构造带，每个构造带均有多个高点，三个构造带之间由坡①号断层和坡②号断层分隔。

铁山坡构造带位于区块中部，由西南向东北贯穿全工区，为坡①号和坡②号断层切割抬升的长条形断背斜，与相邻的毛坝、大湾形成共圈，构造整体长16.9km，宽3.1km，面积41.74km^2。主体构造总体呈现西北缓东南陡的构造格局。构造带内由于受北东向挤压应力的作用，发育横①号和横③号断层，形成两端高中间低的构造格局，由北往南发育金竹坪构造、坡②断高、黄草坪高点共3个圈闭，对应井区为坡1井区、坡2井区和坡5井区。

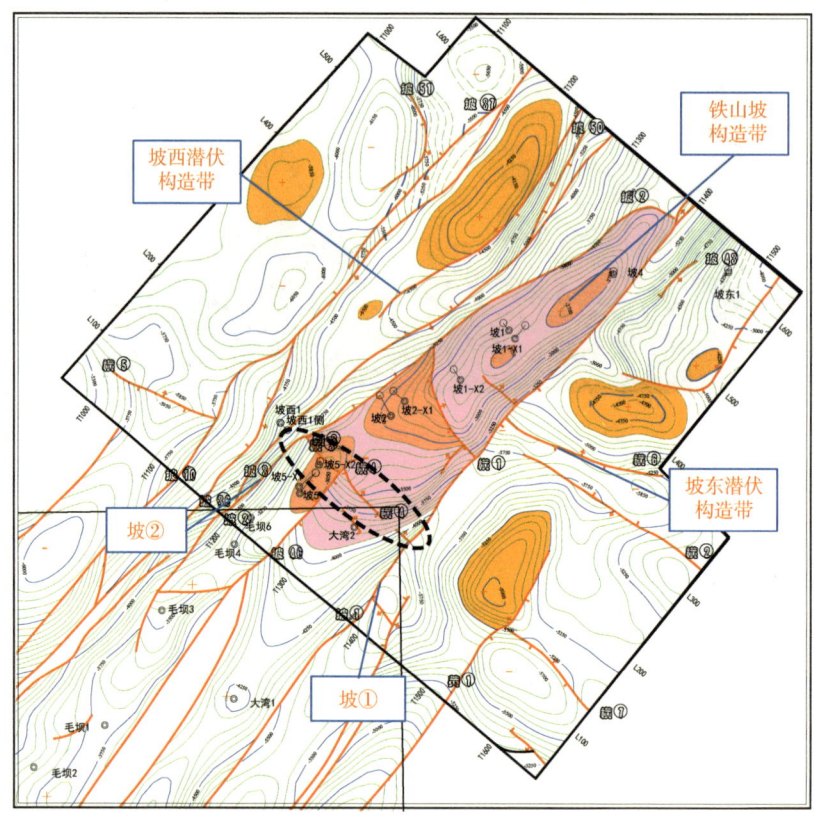

图 1-1-3　铁山坡区块飞四底界构造图

坡西潜伏构造带位于区块内西北方向，为坡②号断层下盘上的潜伏构造带，在飞四底—飞底构造上均存在熊家坡和熊家坡南两个圈闭。熊家坡潜伏构造飞四底界构造长度 6.1km，构造宽度 1.7km，高点海拔 -4120m，最低圈闭线海拔 -4400m，闭合高度 280m，闭合面积 8.7km²。

坡东潜伏构造带位于区块内东南方向，为坡①号断层下盘上的潜伏构造带，由北西向的横断层将该潜伏构造带分成了北高南低的三块构造。

铁山坡地区二叠系、三叠系褶皱剧烈，断层十分发育，一般为发育于构造两翼、顺构造走向随构造的扭动而扭动的倾轴逆断层，切割构造呈断垒并控制了构造形态。从纵向上看，断层落差较大，大部分断层断穿二叠系，向上消失于三叠系内部，向下消失于志留系或寒武系内；从横向上看延伸较远，主要以北东走向为主，同时伴有北西走向。

2. 地层特征

早三叠世飞仙关组沉积期，川东地区属于上扬子地台的一部分，由于康滇古陆及龙门山岛弧的影响，飞仙关组沉积期四川海域自西向东存在明显的岩相变化，自西向东是一套以陆源碎屑为主逐渐变为碳酸盐岩为主的沉积体系。与川东北区块的其他气田相似，区域地层由两套岩石单元组成，即上部碎屑岩单元和下部碳酸盐岩单元。碎屑岩和碳酸盐岩之间的界线位于中三叠统雷口坡组顶部。飞仙关鲕滩储层位于雷口坡组和嘉陵江组之下(图1-1-4)。

川东北部地区下三叠统飞仙关组仅T_1f^4段与下伏T_1f^{3-1}分层明显，岩性组合、电性特征、生物化石类型、地层厚度均较稳定，且区域对比性好，易于区分；T_1f^1、T_1f^2、T_1f^3段，因T_1f^2泥页岩相变为石灰岩难以细分，统称为T_1f^{3-1}段。其底界与下伏二叠系长兴组呈整合接触，与上覆三叠系嘉陵江组呈整合接触。

飞仙关组中下部主要为一套灰色、褐灰色粉晶灰岩及亮晶鲕粒云岩、石灰岩，顶部为紫红色泥岩、泥灰岩及石膏互层。T_1f^4段岩性主要为紫红色泥岩和灰褐色、灰绿色云岩、泥云岩、泥灰岩及灰白色石膏，自然伽马14~75API，深侧向电阻率28~38000Ω·m；T_1f^{3-1}段岩性主要为一套灰色、褐灰色、灰褐色粉晶灰岩及亮晶鲕粒云岩、石灰岩，中下部发育一套石膏、云质膏岩，主要分布在坡2井及以北区域，根据岩性、电性特征可横向追踪对比。

根据钻井地层对比，铁山坡气田飞仙关组地层分布稳定，厚度在371~433m，平均厚度399m(图1-1-5)，往海槽方向地层逐渐增厚，形成填平补齐式的巨厚沉积。

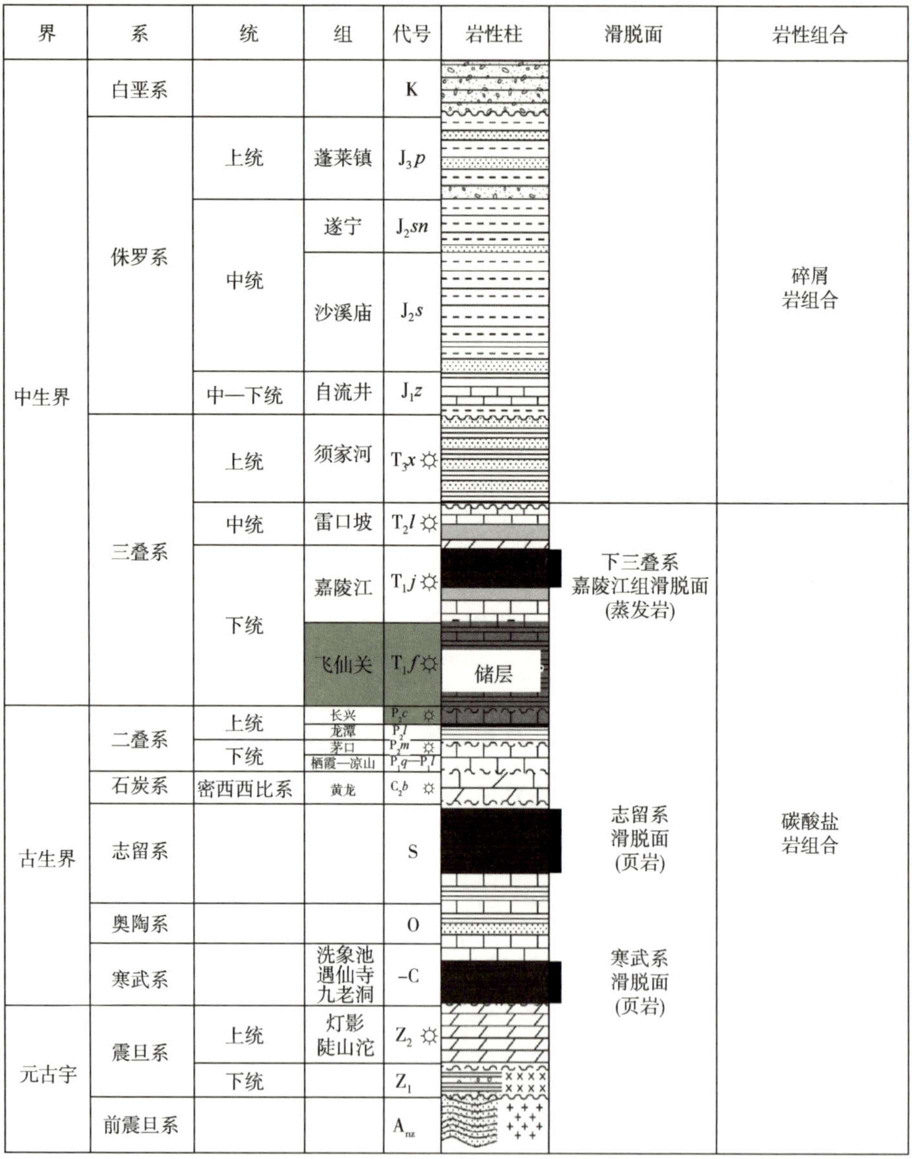

界	系	统	组	代号	岩性柱	滑脱面	岩性组合
中生界	白垩系			K			碎屑岩组合
	侏罗系	上统	蓬莱镇	J_3p			
		中统	遂宁	J_2sn			
			沙溪庙	J_2s			
		中—下统	自流井	J_1z			
	三叠系	上统	须家河	T_3x ☼			
		中统	雷口坡	T_2l ☼			
		下统	嘉陵江	T_1j ☼		下三叠系嘉陵江组滑脱面（蒸发岩）	
			飞仙关	T_1f ☼	储层		
古生界	二叠系	上统	长兴	P_2c			碳酸盐岩组合
			龙潭	P_2l			
		下统	茅口	P_1m			
			栖霞—凉山	P_1q-l			
	石炭系	密西西比系	黄龙	C_2h ☼			
	志留系			S		志留系滑脱面（页岩）	
	奥陶系			O			
	寒武系		洗象池 遇仙寺 九老洞	-C		寒武系滑脱面（页岩）	
元古宇	震旦系	上统	灯影 陡山沱	Z_2 ☼			
		下统		Z_1			
	前震旦系			A_{nz}			

图 1-1-4　铁山坡构造地层综合柱状图

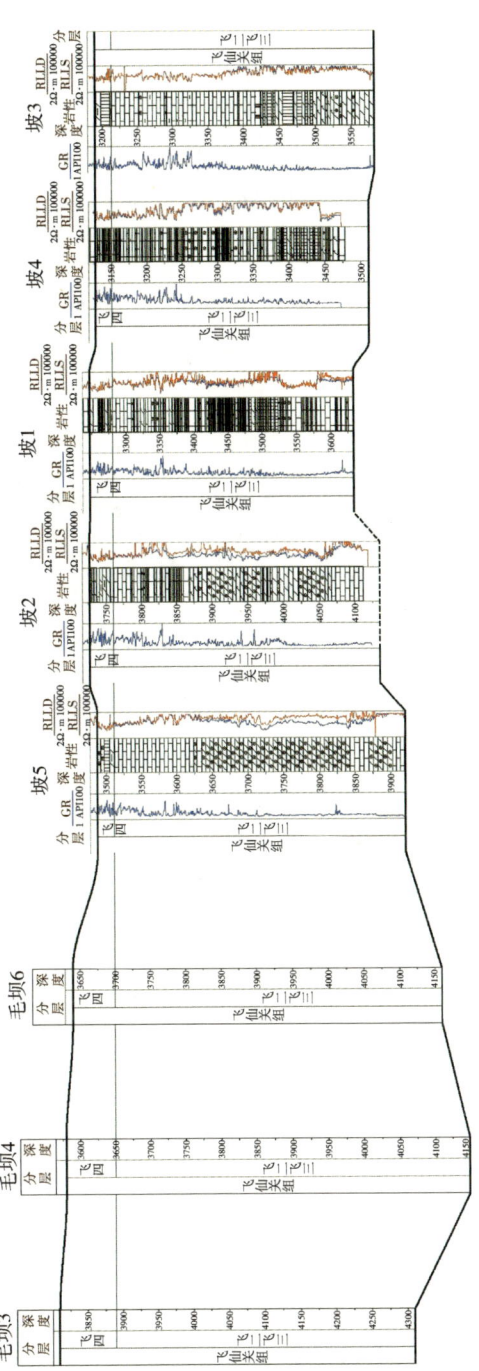

图1-1-5 毛坝—铁山坡地区台缘带飞仙关组地层对比图

3. 沉积相特征

川东地区飞仙关组沉积期沉积环境是在晚二叠世长兴组沉积期沉积格局的基础上发展起来的，通过野外露头、岩心观察和描述，以及录井、测井等资料的综合分析认为，飞仙关组沉积期铁山坡地区处于碳酸盐台地相区（图1-1-6），可划分为海槽相、斜坡（陆棚）相、台地边缘相、开阔台地相和局限台地相五个亚相，进一步细分为台缘鲕粒滩、滩间洼地、台内鲕粒滩、潟湖和潮坪等微相，其中台缘鲕粒滩、台内鲕粒滩是储层发育有利的微相。

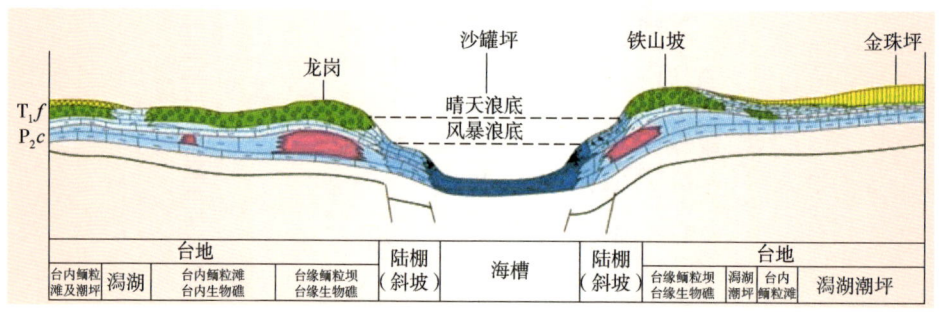

图 1-1-6　开江—梁平海槽飞仙关组沉积模式图

钻井结合地震预测综合分析（图1-1-7和图1-1-8），研究区鲕粒滩横向连续性较好，由南向北，鲕粒滩由整套巨厚滩体逐渐变为上、下两套滩体，台缘带前缘的坡5井区鲕粒滩厚度最大，到台缘带内侧的坡2井区发生了明显变化，表现为滩体间夹层增多，厚度减薄，再到坡1井—坡4井区，鲕粒滩明显分为上、下两套，坡4井以薄层台内鲕粒滩发育为主，到坡3井区，由于相变为局限台地，鲕粒滩已不发育。

与邻区对比，坡5井区到毛坝4井区台缘滩体纵向位置一致，横向可对比性强，为巨厚的滩体连续分布；坡2井区往大湾1井至2井区方向，受古地貌与沉积环境变化控制，处于鲕粒滩迁移、变化的过渡带，纵向滩核位置有所不同，坡2井到大湾2井滩体由两套渐变为一套，累计厚度减薄但纵向连续性变好，滩体总体表现为相互交错叠置、连续分布特征。

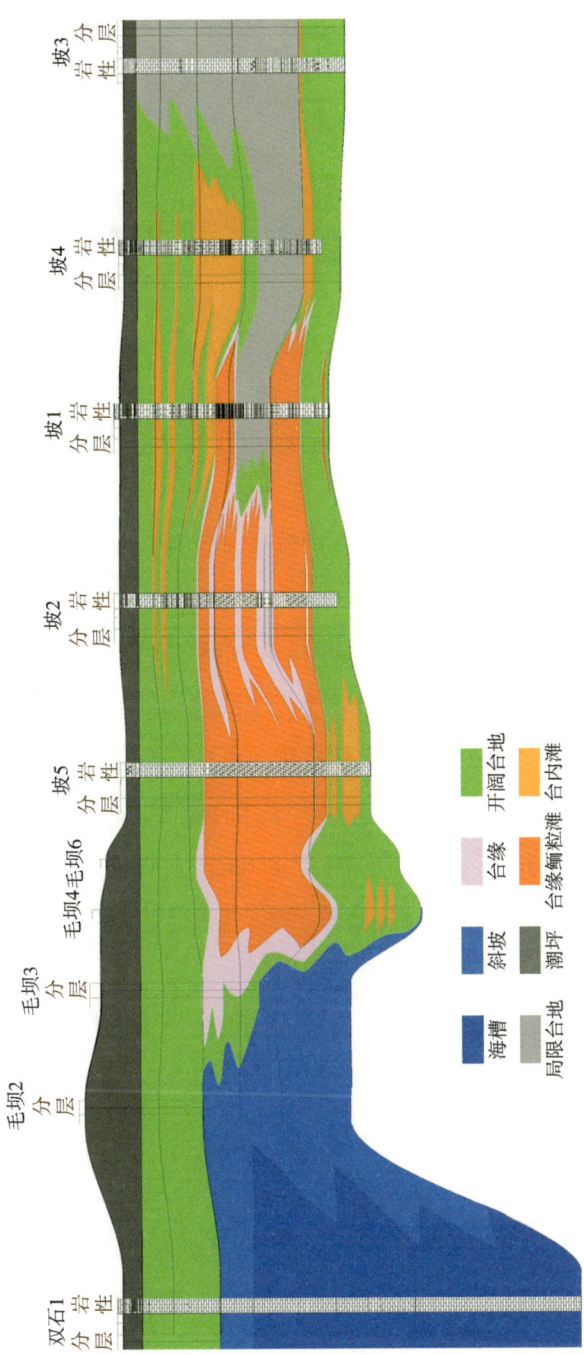

图1-1-7 双石1—毛坝4—坡5—坡2—坡4—坡3井沉积相剖面图

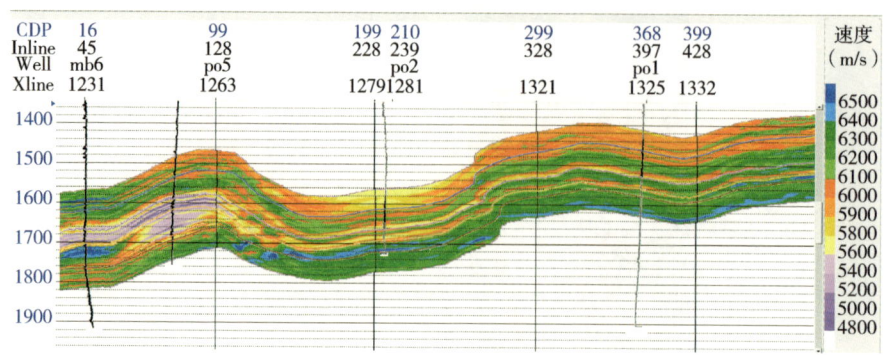

图 1-1-8　毛坝 6—坡 5—坡 2—坡 1—坡 3 连井线速度反演剖面

4. 储层特征

铁山坡气田飞仙关组储集岩主要为溶孔粉晶白云岩、残余砂(砾)屑粉晶云岩、残余鲕粒粉晶云岩、泥—粉晶角砾云岩。气藏的储集空间主要为孔隙，溶洞进一步改善了储层的储集性能。气藏虽有裂缝发育，但有效缝密度仅 4.62 条/m，且多为构造小平缝、小斜缝，不是主要的储集空间。

铁山坡气田飞仙关组储层物性具有中孔隙、低—中渗透特征，由北向南物性逐渐变好。岩心孔隙度在 2%~21.76%，平均孔隙度为 6.44%；岩心单井平均渗透率在 1.11~11.6mD，总平均渗透率 8.66mD。测井解释储层孔隙度分布范围为 2%~28.45%，平均孔隙度为 8.89%。钻井储层对比结合地震解释综合分析表明，储层总体连续性好、分布稳定。

根据四川盆地碳酸盐岩分类标准，铁山坡气田飞仙关组气藏储层可分为Ⅰ、Ⅱ、Ⅲ、Ⅳ四类：Ⅰ类储层 $\phi \geq 12\%$，Ⅱ类储层 $6\% \leq \phi < 12\%$，Ⅲ类储层 $2\% \leq \phi < 6\%$，Ⅳ类(非储层) $\phi < 2\%$。

5. 气藏压力与流体性质

通过综合分析认为，铁山坡气田飞仙关组气藏为常温、高压—常压气藏，地层压力 48.38~49.69MPa，压力系数 1.28~1.49，与相邻的毛坝、大湾气藏对比，压力特征基本一致。

天然气组分分析表明，铁山坡气田飞仙关组气藏各井间气组分没有明显差异，天然气以甲烷为主，含量75.44%~78.52%，平均77.35%；硫化氢（H_2S）含量14.19%~15.54%（203.06~222.30g/m³），平均14.53%（207.95g/m³），为特高含硫化氢；二氧化碳含量5.43%~8.89%（106.68~174.65g/m³），平均6.83%（134.26g/m³），为中含二氧化碳，微含乙烷、丙烷、氦和氮；天然气性质与相邻的大湾、毛坝气藏一致。

坡1井井下储层段水样分析结果为：pH值8，$K^+ + Na^+$含量9196mg/L，氯离子含量10553mg/L，H_2S含量3411mg/L，总矿化度28.95g/L，地层水型为Na_2SO_4型。坡4井井下储层段水样分析结果为：pH值9.50，$K^+ + Na^+$含量17480mg/L，氯离子含量18127mg/L，H_2S含量2474mg/L，总矿化度50.70g/L，水型为$NaHCO_3$型。相邻的大湾、毛坝气藏产液水样分析表明，大湾402-2H井产出地层水，水型为$NaHCO_3$型。

6. 气藏类型

根据勘探开发成果综合分析，铁山坡气田飞仙关组气藏坡1井区和坡5井区为断层圈闭气藏，坡2井区为岩性—构造圈闭气藏。

依据地层压力、温度和流体性质分类，铁山坡气田飞仙关组气藏为常温、特高含硫、中含二氧化碳气藏。

依据流体分布特征，铁山坡气田飞仙关组气藏为局部存在不活跃封存水的弹性气驱气藏。

三、气藏动态特征

1. 气藏渗流特征

通过对铁山坡气田飞仙关组气藏储层流体渗流特征及规律进行研究，气井渗透率为1.48~20.65mD，具有低中渗透特征，储层在横向上具有非均质性。对于渗透性好的区块如坡5井区，压力快速恢复，表明地层能量充足，一定程度上反映了真实的储层类型；在渗透性较差的区块如坡4井区，储层压力恢复不充分，可能导致外推压力偏低，影响储层类型的判断。

2. 气井产能特征

气井原始产能由北向南逐渐增高，对应分布高产井、中产井和低产井。坡5井区产能最高，坡2井区为中产，坡1井区以中、低产为主；与邻区比较，坡5井区气井原始无阻流量比毛坝、大湾气井高，与罗家寨东部气井产能相当，坡2井区与大湾、毛坝气井产能相当。

斜井、大斜度井产能明显优于直井。属同一气藏的坡5井区和毛坝4井区，储层品质相近，斜井、大斜度井测试产能明显高于直井，坡5-X1井计算的无阻流量为毛坝4井的8.9倍，是毛坝6井无阻流量的5.7倍，同样，坡2井斜井的无阻流量是大湾2井的1.63倍。

酸化和酸压改造可有效改善近井地带储层渗透条件，提高气井产能。由于飞仙关组气藏为高含硫气藏，在钻、完井过程中，出于安全考虑，使用的钻井液密度都大于地层压力系数，且浸泡时间长，导致钻井液伤害产层，降低产层渗透率，从而影响气井的产能。例如罗家6井在酸化后其无阻流量由 $75.11 \times 10^4 \mathrm{m}^3/\mathrm{d}$ 提高到 $267.34 \times 10^4 \mathrm{m}^3/\mathrm{d}$，增产效果明显。

构造位置对气井产能有一定影响，但不是控制产能高低的主要因素。位于构造高点的坡4井，产能较低，为低产井，位于断凹的坡2井产能较高，为中产井，位于断高点的坡5井测试产能高，为高产井。

根据气井无阻流量与沉积相叠合图分析，产能主要受沉积相控制，台缘前缘鲕粒滩厚度大、储层品质优，产能高，如坡5井；往台内方向，随着滩体、储层品质降低，气井产能逐渐减小。沉积微相是储层发育的内在因素，有利沉积微相有利于后期溶蚀作用发生，因此对产能起到主要控制作用。

根据铁山坡、毛坝、大湾和罗家寨飞仙关组测试的10口井储层与产能数据综合分析，气井产能与Kh值具有较好的相关性，与ϕh具有一定的相关性，因此气井产能也受到储层渗流能力控制。

3. 生产动态特征

在开发单元上，铁山坡区块飞仙关组气藏按照压力系统可划分为3个井区，即坡1井区、坡2井区和坡5井区，坡1井区为独立井区，坡2井区与中国石化大湾2井区连通，坡5井区与中国石化毛坝4井区连通(图1-1-9)，属同一压力系统，毛坝、大湾飞仙关组气藏已投产多年，受邻区生产影响，气藏地层压力下降，坡5、坡2井区气井产能相应降低。根据气井生产数据分析认为，气井产量高，油压下降慢，稳产能力强，单位压降采气量大。

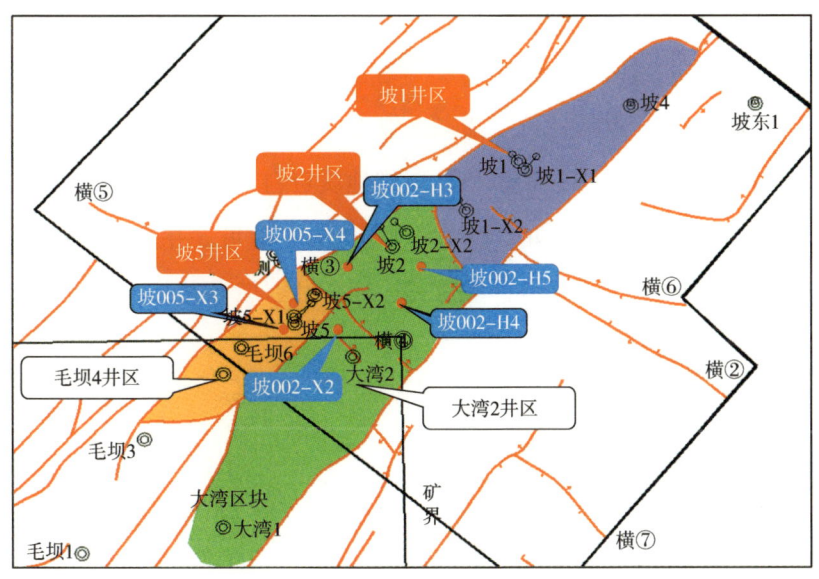

图1-1-9 铁山坡区块飞仙关组气藏开发单元平面示意图

第二节 勘探开发历程

一、勘探历程

铁山坡区块勘探始于 20 世纪 80 年代中期，大体可以分为两个阶段：

第一阶段：预探发现阶段。1984—1999 年采集了三轮二维地震资料，1999 年 2 月 28 日依据二维地震成果在金竹坪高点偏西翼钻探预探井坡 1 井，1999 年 8 月 28 日钻至井深 3327m 见鲕滩云岩储层，取心后继续钻进，钻达层位为茅口组，完钻井深 1648m，飞仙关组测试获气 $26.72 \times 10^4 m^3/d$，证实该构造存在鲕滩储层并含工业气流。

第二阶段：深化勘探评价阶段。在坡 1 井发现飞仙关组气藏后，2000—2004 年西南油气田采集了铁山坡区块三维地震资料，依据三维地震处理解释成果部署探井坡 2 井、坡 3 井、坡 4 井、坡 5 井，除坡 3 井外均获高产气流。2004 年西南油气田利用坡 1 井、坡 2 井、坡 3 井、坡 4 井、坡 5 井资料申报了铁山坡气田飞仙关组气藏探明储量。

二、开发历程

铁山坡区块开发大体可以分为三个阶段：

第一阶段：开发前期准备阶段。2004 年编制了铁山坡气田飞仙关组气藏开发方案(可行性研究报告)。2005—2006 年部署并实施 5 口开发井(坡 1-X1

井、坡 1-X2 井、坡 2-X1 井、坡 5-X1 井、坡 5-X2 井），其中坡 5-X1 井飞仙关组测试获气 $125.02\times10^4\text{m}^3/\text{d}$，其余开发井虽钻遇气层，但因 2003 年 12 月 23 日罗家寨气田发生事故而未测试，全部封井。

第二阶段：对外合作阶段。2008 年中国石油与美国雪佛龙全资子公司优尼科东海有限公司开始合作开发铁山坡、七里北、渡口河、罗家寨、滚子坪 5 个区块，外方取得作业权。2011 年编制了《铁山坡气田飞仙关组气藏总体开发方案》，通过股份公司审查并批复建设，但该方案未实施。

第三阶段：回归自营开发。2019 年 4 月，中国石油与优尼科东海有限公司经协商一致，终止了铁山坡区块的合作开发，转为自营开发。西南油气田系统总结四川盆地罗家寨、普光、龙王庙等高含硫、特高含硫气田开发经验，消化吸收对外合作成果，自主开展大规模科技攻关与现场试验，编制了新的开发方案，为承接铁山坡特高含硫气田开发做了充分准备。

截至 2020 年底，铁山坡区块完钻飞仙关组专层探井及开发井 12 口，其中构造主体 9 口，外围 3 口，但仍处于探明未开发状态。相邻的毛坝、大湾气田于 2012 年投入开发，总体开发效果好，产量高、稳产能力强，基本不产地层水。

2022 年，在铁山坡气田部署 6 口建产井，测试累计获日产气量超千万立方米，井均测试日产气 $171\times10^4\text{m}^3$，井均无阻流量达 $300\times10^4\text{m}^3/\text{d}$，实现特高含硫气田"少井高产"开发的重大突破。单井配产 $(40\sim120)\times10^4\text{m}^3/\text{d}$，总产能 $400\times10^4\text{m}^3/\text{d}$，新建脱水增压站 1 座、采气站场 2 座、交接计量站（大湾清管站）1 座、回注站 1 座、阀室 6 座，新建集气支线（825 复合管）6.3km、集气干线 17.3km、燃料气管线 17.3km。站场原料气气液混输至脱水站，脱水后干气输送中国石化普光净化厂处理，最终进入川气东送干线（图 1-2-1）。

截至 2024 年 8 月底，铁山坡特高含硫气田累计生产天然气 $19.54\times10^8\text{m}^3$，

图 1-2-1 铁山坡气田地面工程总体布局及工作量示意图

生产硫黄 $41.33 \times 10^4 t$。

铁山坡特高含硫气田的安全清洁高效开发，对我国掌握特高含硫气田开采核心技术，推动天然气产业的高质量发展具有深远意义，将在满足国计民生能源需求、助力企业低碳发展、促进地方经济发展和保障国家能源安全等方面发挥积极作用。

第三节　业务范围和组织机构

一、业务范围

铁山坡特高含硫气田投入运营后的业务主要包括4个部分，即开发管理、生产运行管理、安全环保管理和日常办公管理。开发管理包括开发规划计划、气藏工程、集输工艺、站场和管道完整性管理等；生产运行管理包括生产调控指挥、动设备管理、电气管理、脱水及水处理系统管理、供水管理、自控信息系统故障排查与应急处置、运维保障管理等；安全环保管理包括QHSE管理、车辆管理、消防管理、应急物资管理、应急救援等；日常办公管理包括党政综合事务、计划财务管理、人力资源管理、后勤保障等。

二、业务流程

1. 建设期业务流程

铁山坡特高含硫气田建设期业务流程如图1-3-1所示，根据气田开发方案编制气田产能建设方案，包括开发井部署、采气集气工艺、气藏工程、天然气集输和天然气净化等，经相关部门审查通过后组织实施。

2. 运营期业务流程

铁山坡特高含硫气田运营期业务流程如图1-3-2所示，根据气田年度开发生产计划，从开发管理、生产运行管理、安全环保管理和日常办公管理4个方面组织开展工作。

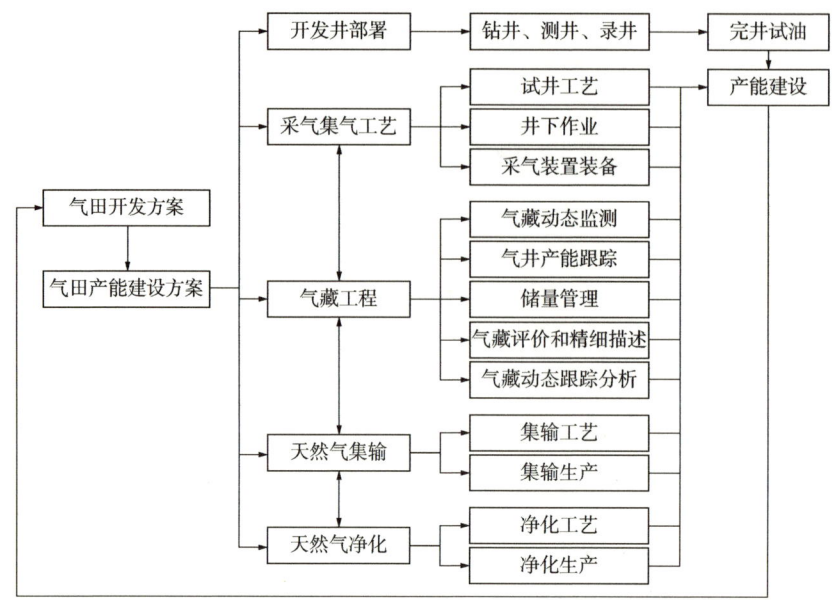

图 1-3-1 铁山坡特高含硫气田建设期业务流程图

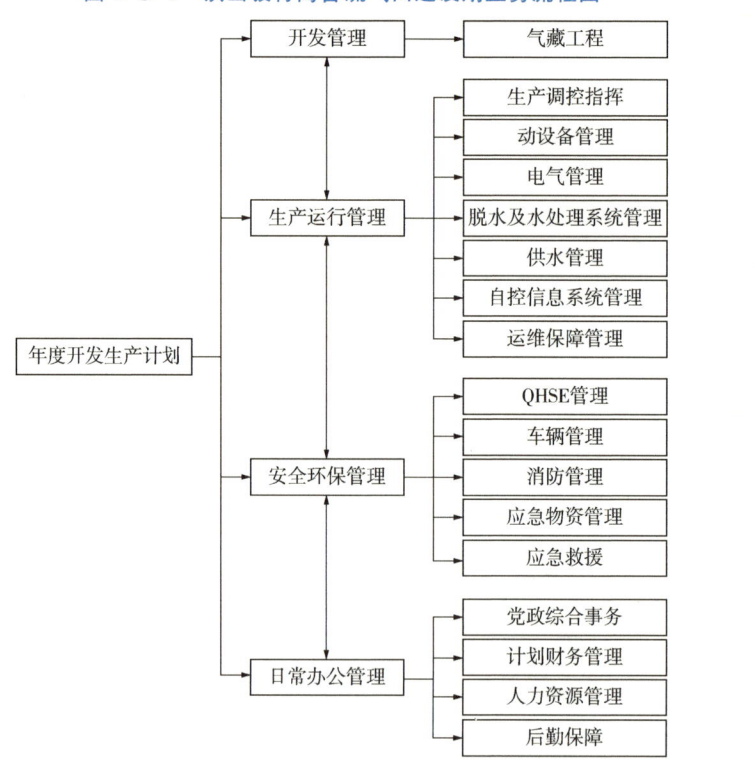

图 1-3-2 铁山坡特高含硫气田运营期业务流程图

三、组织机构

铁山坡气田建设期管理主体是川东北特高含硫气田开发地面工程建设项目部,投产后运营管理主体是川东北气矿特高含硫气田运行管理项目部,内设生产技术组、安全管理组、综合事务组和铁山坡中心站(图1-3-3),主要负责对铁山坡气田生产技术、运行和安全进行管理。

图1-3-3　铁山坡特高含硫气田相关组织机构

铁山坡气田运行管理涉及的相关单位和部门主要有川东北气矿规划计划科、财务科、地质科、开发科、生产运行科、质量安全环保科、生产调控指挥中心、信息管理部、勘探开发研究所、自控信息中心、达州应急抢险维修中心等和西南油气田规划计划处、财务处、生产运行处、质量安全环保处、气田开发管理部、营销部、信息管理部、勘探开发研究院、天然气研究院、工程技术研究院、集输工程技术研究所、数字智能技术分公司等。川东北气矿内部单位主要负责工艺设备维保、安全阀校验、压缩机巡检保养、设备检测维护、仪器仪表检定、社区报警系统、泄漏监测系统、在线腐蚀监测系统测试与维护维修、重点检维修作业协调组织等，西南油气田相关单位主要负责业务指导与协调，为完整性管理、化验分析、采气工艺、地面集输工艺等提供技术支撑，以及提供通信与网络维保。

此外，通过业务外包方式雇用社会化专业技术服务队伍，提供驻点工艺、自控、电力维保、硫沉积解堵、管道应急团队、法兰管理等专业技术服务。

第二章 特高含硫智能气田含义和需求

气田的信息化建设根据气田的业务特点和业务需求开展，将先进适用的信息技术与业务相结合，有效支撑气田业务运营，推动气田企业运营方式变革，实现数字化转型、智能化发展。

本章归纳特高含硫智能气田的含义和要素，介绍特高含硫智能气田典型案例，梳理铁山坡特高含硫气田信息化现状与智能化需求，为铁山坡特高含硫智能气田建设方案的制定提供依据。

第一节　特高含硫智能气田含义和案例

一、特高含硫智能气田含义

综合国内外含硫气田和常规气田智能化建设实践经验，提炼出特高含硫智能气田的含义为：针对特高含硫气田对安全和生产的高标准要求，借助物联网、自动化控制、大数据、云计算等先进信息技术和业务模型、工作流、专家系统等，智能管理特高含硫气田的开发和生产，能够全面感知气田动态、自动操控生产活动、预测气田变化趋势、持续优化气田管理，推动气田绿色安全和精细管理，达到资产价值最大化。

全面感知、自动操控、趋势预测和优化决策是特高含硫智能气田的基本特征(图 2-1-1)。

全面感知：通过全面采集地下气藏、井筒和地面设备设施的相关数据，展示气田开发生产全过程，全面监控生产工况。

自动操控：在开发生产全过程全面感知的基础上，智能跟踪、诊断、远程控制，无人值守。

趋势预测：建立气藏—井筒—地面一体化模型，在气藏—井筒—地面一体化模拟基础上，发现天然气生产及硫沉积、水合物、段塞流等运行规律，预警问题、预测趋势。

优化决策：优化配产、优化生产过程，实现气田最优开采。

第二章 特高含硫智能气田含义和需求

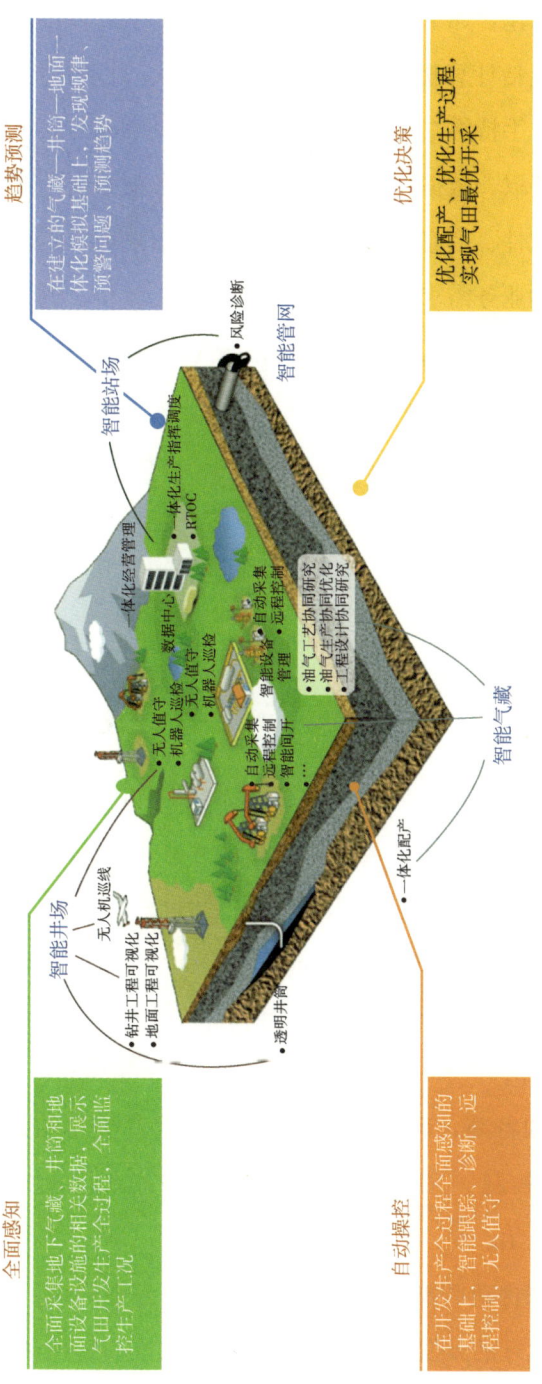

图2-1-1 特高含硫智能气田涵义示意图

特高含硫智能气田包含如下四个要素。

信息基础设施：包括计算机系统、网络通信系统、自动化控制系统、物联网、视频监控系统、手持终端和移动终端等，为数据和软件提供物理支撑。

数据：包括数据获取、数据传输和数据存储及相关的数据标准和规范。

软件：包括基础软件、信息系统（平台）、专业软件和数据库软件等，针对特高含硫气田具体的业务需求进行数据采集、处理、分析、展示和应用。

管理：与特高含硫智能气田建设和运行相匹配的组织架构、业务流程和管理规范等，是智能气田建设和运行的前提和保障。

信息基础设施是基础，数据和软件（特别是与业务应用相关的信息系统软件和专业软件）是核心，涉及物联网、云计算、边缘计算、数据库、数据湖、大数据挖掘、知识管理、数字孪生、过程控制和人工智能等先进信息技术。

二、特高含硫智能气田案例

加拿大和法国是最早发现高含硫和特高含硫气田的国家，随后美国、德国、俄罗斯等国家也发现和开发了高含硫与特高含硫气田，著名的有加拿大的卡罗林（Caroline）气田和卡布南（Kaybob South）气田、法国的拉克（Lacq）气田、美国的惠特尼谷—卡特溪（Whitney Canyon-Carter Creek）气田、德国的南沃尔登堡（South Woldenberg）气田，以及俄罗斯的阿斯特拉罕（Astrakhan）气田和奥伦堡（Orenburg）气田。

有关国外高含硫和特高含硫气田的公开案例资料主要是钻完井、防腐、安全防控（工业自动化控制）、实时监控、无人机巡检等方面的内容，鲜见智能化建设方面的系统介绍。

国内高含硫和特高含硫智能气田典型案例以四川盆地为代表。四川盆地高含硫和特高含硫天然气的开发历史长达50年，是我国高含硫和特高含硫气田开发的先驱，在数字化、智能化建设方面具有代表性的是中国石化普光气田和中国石油龙王庙气田。

1. 中国石化普光智能气田

普光气田位于四川省达州市宣汉县境内，发现于2003年，与铁山坡气田相邻，主要包括普光和大湾两个区块，储层为飞仙关组和长兴组，探明天然气地质储量$4122×10^8m^3$，平均井深近6000m，地下压力达到55MPa以上，气藏硫化氢含量14%~18%、二氧化碳含量8%，属超深、高压、特高含硫、复杂山地气田。2005年进行气田开发建设，2009年10月建成投产，年产能$100×10^8m^3$，至2019年12月底已累计生产天然气$822.49×10^8m^3$。

从气田建设之初的2005年开始，普光气田就以数字化气田为目标，建立了全覆盖的光传输网络和先进的自动化控制系统，实现了数据的实时采集与自动化控制，实时掌握每口生产气井的运行状况。随着气田的高效开发，硫沉积日益严重，山区地质灾害等诸多因素严重影响气田的开发效果，建设初期的数字化气田已不能满足安全生产的需求，亟须通过智能化手段提升系统运行效率，支撑气田安全高效平稳运行。

2013年5月，中国石化启动智能气田建设，开展智能油气田的规划和总体设计工作，并把普光气田纳入中国石化智能油气田建设试点。普光智能气田总体架构为"一个平台、两个中心、两个体系"，即一体化协同应用平台、资源共享中心、智能辅助决策指挥中心、标准规范体系、信息安全体系（图2-1-2），数据库由分散独立向集中共享转变，软件开发由多个单一系统向平台化服务转变，应用由生产运行向生产运营一体化转变，全面提升实时监测、自动操控、全面感知、一体协作、优化预警、决策指挥等能力，打造高质量发展"云端新模式"。

一体化应用平台通过建立各种共享服务，如账户管理、权限管理、日志管理、GIS服务、流程服务、功能组件服务、数据服务、接口管理等，将不同应用系统集成到一体化应用平台，实现了系统间信息共享、功能共享，实现了业务的横向协同，避免了烟囱式开发造成的信息孤岛(图2-1-3)。

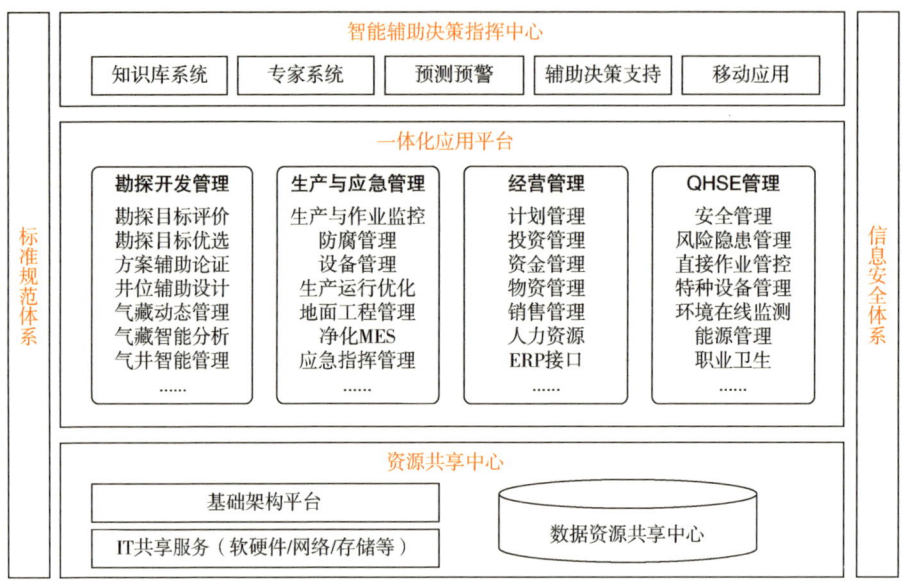

图2-1-2　普光智能气田总体架构

图2-1-3　普光智能气田一体化应用平台页面

在安全管控方面，针对气田硫化氢含量高、复杂山地施工风险大、救援难度大等特点，建成智能化应急指挥系统，包括监测预警、接警、应急处置、

第二章 特高含硫智能气田含义和需求

应急资源、应急预案和集成联动功能。移动便携式视频应急指挥系统利用移动应用、物联网、视频智能识别等技术,实现在线监测的可视化和气田安全管理的智能化、云端化。

根据工区人口稠密、山区地势复杂的情况,普光气田合理确定了酸气集输管道、集输井站、净化厂的安全距离,并在生产区域配备先进的气体泄漏检测装备和紧急广播系统。目前,全气田共设置硫化氢检测点1466个、可燃气检测点509个,硫化氢浓度在$3mg/m^3$即发出报警信号,报警时间小于1s,泄漏监测准确率100%,成为"世界上报警仪最密集的地方"。

通过建立结构化流程化应急预案、应急物资出入库模型、应急资源及路线分布图,创新形成了复杂山地特高含硫气田安全与应急指挥智能联动技术。事件突发后,系统能自动关联现场视频监控、调配应急救援车辆与人员,在三维场景上部署作战、抢险、医疗、检测力量,实现作战方案AI部署、一键接处警。

为保证气田安全运行,普光气田自主创新了特大型超深特高含硫气田安全控制技术,建立了国内首座复杂山地油气田应急救援基地,研发了全气田四级关断联锁控制技术。当气田中控室操作人员按下一级关断开关后,仅约2s,正在运行的生产井、集气站、集输管线、阀室和净化厂联合装置的所有阀门将全部关断,管线、集气站和联合装置内的特高含硫化氢气体被分段控制。

在生产管理方面,利用大数据技术开发的智能化调配产系统,可依据每口井的地质情况,结合气井、管线、净化装置处理能力等综合因素,实现产量的自动计算分配,同时对生产过程中的异常情况进行自动分析、在线调整;采气厂实现智能化运行,小到现场的一个阀门,大到一个集输系统都可以在调度室内进行调控。

气藏可视化、气藏指标监控、开发预测预警和动态在线分析结合专家库进行动态异常诊断、开发效果评价、开发辅助决策,其中气藏异常主动预警系统通过预测模型的持续优化，硫沉积预测准确率达到90%以上，硫沉积解堵成功率近100%，气井见水预测准确率92%以上，出水时间平均延迟3个月以上。

2. 中国石油龙王庙智能气田

龙王庙气田位于四川省遂宁市和重庆市潼南区境内，发现于2012年9月，储层为寒武系龙王庙组，平均井深4500m，探明天然气地质储量$4403.83×10^8m^3$。2012年12月投产，至2022年12月5日已累计生产天然气$707.57×10^8m^3$。虽然气藏主体区硫化氢含量$5.70\sim11.19g/m^3$，属中含硫气田，但其开发和生产面临与特高含硫气田相似的安全和管理问题，其数字化和智能化建设具有借鉴价值。

2013年，与产能建设配套同步开展数字气田建设，整合中国石油统建和西南油气田自建的20多个信息系统，于2015年建成一体化生产管理平台（数字化气藏、数字化井筒、数字化地面）和作业区生产辅助决策系统，将信息技术与业务管理相结合，全过程、全方位、全覆盖气田开发业务，优化了生产组织方式，实现气田管理由现场管理向远程管理转变，降低了生产运行成本和劳动强度，提升了气田本质安全和应急处置时效性，有效支撑气田产能目标达成。

2016—2020年，以实现生产监测调控及时准确、全局共享协同优化为主要目标开展智能气田示范工程建设。在前端生产现场，综合应用图像识别、智能诊断、增强现实（Augmented Reality，AR）（图2-1-4）、虚拟现实（Virtual Reality，VR）、光纤预警、智能安防、机器人、无人机等技术，进一步提升现场管控能力，优化组织架构；在后端协同现场，构建气藏—井筒—地面一体化模型及智能应用软硬件基础环境，初步建立自动优化配产、智能跟踪与诊断（图2-1-5）、应急处理等跨专业、跨单位一体化协同智能工作流，全气藏模型优化运行周期由1个月缩短到20min，预测结果与实际生产吻合度达98%以上，支撑龙王庙气田科学、高效生产。

第二章 特高含硫智能气田含义和需求

图 2-1-4　龙王庙气田 AR 智能巡检仪表读数，显著提高巡检工作质量和生产现场受控水平

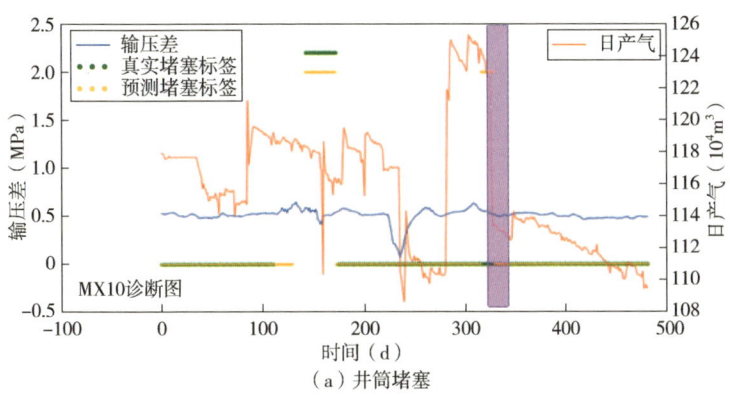

（a）井筒堵塞

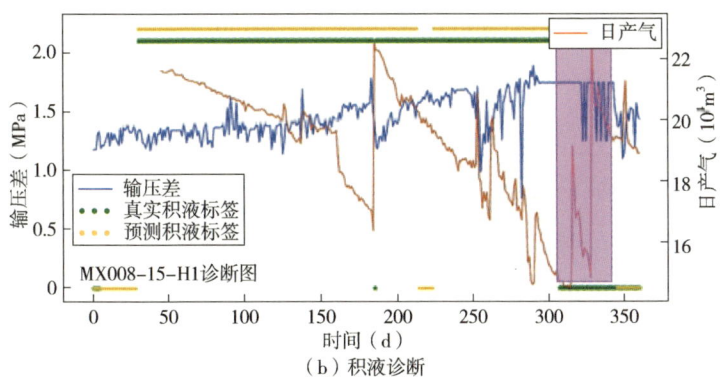

（b）积液诊断

图 2-1-5　龙王庙气田生产异常智能诊断，辅助生产决策

第二节 气田信息化现状

西南油气田信息化工作按照中国石油"一个整体、两个层次"的总体要求，紧密围绕勘探开发生产、科研、经营管理等全业务链条，围绕"持续构建全面集成的数字化企业，支撑打造核心竞争能力"的两化融合总体目标，大力推进数字气田和智能气田建设，于2020年全面建成数字气田，并开展常规气和页岩气智能气田示范工程建设，有力支撑"油公司"模式下的劳动组织模式优化，助推企业转型升级。

通过20多年来持续进行信息基础设施、数据资源和应用系统建设，西南油气田已建立起覆盖机关和下属单位的网络通信系统，建成区域数据中心和算力中心，基本实现产运储销全业务链数据的正常化，部署运行数十套业务应用系统，支撑勘探生产、开发生产、工程技术、生产运行、管道运营、设备管理、科研协同和经营管理业务开展，为铁山坡特高含硫智能气田建设提供了坚实的信息化基础。

川东北气矿通过组织优化构建起"气矿—中心站—单井站"三级管理模式，气矿管辖达州、宣汉、铁山坡三个片区，其中达州片区下辖铁山、龙会、达川和五灵山4个中心站，宣汉片区下辖黄龙、温泉和五宝场3个中心站，铁山坡片区下辖铁山坡中心站。

川东北气矿办公网上行至西南油气田公司有3条路由，带宽共450M；下行至达州、宣汉、铁山坡三个片区，带宽各100M。铁山坡片区生产网与视频网共用1000M，其中生产网400M，视频网600M。铁山坡片区内部传输链路需要与开发地面工程同步进行建设。

表 2-2-1 是与铁山坡特高含硫智能气田建设相关的已建信息系统，气田开发生产运行管理业务主要依托开发生产管理平台、生产运行管理平台和作业区数字化管理平台，流程化工作、数字孪生和专家系统等需要新建。

表 2-2-1　铁山坡特高含硫智能气田建设相关已建信息系统

类别	系统名称	系统功能	应用成效
基础平台	地理信息系统(A4)	基础地理数据，地面工程数据查询，地面图件，辅助规划，报表等	建立了地理信息共享平台，实现对西南油气田井、站、管线和阀室等地面工程基础信息的管理，为管道生产业务提供基础地理数据服务
	生产数据平台	生产实时数据及图片数据的汇聚、传输、存储及发布	形成10万余点实时数据点汇集，为A11系统、A2系统、生产运行管理平台等业务系统提供实时数据源
	生产视频监控系统	生产现场视频图像的多级远程监控、分级管理、多用户调用、安全访问等	建成覆盖西南油气田油气生产现场的生产视频监控平台，接入2400多路生产视频，在线率90%以上，为"单井无人值守+中心站集中控制+远程支持协作"的管理新模式提供技术保障
基建工程	地面工程建设数字化管理移交平台	项目基本信息管理，工程建设管理(三维协同设计管理、物资采办、施工进度、质量安全等)，数字化移交管理，数据统计分析管理(施工专题数据处理与分析、安全专题数据处理与分析等)，施工视频监控及行为分析和风险识别等	通过对地面建设工程业务动态信息及静态成果数据的整合，实现成果共享网络化、业务管理流程化、工作应用平台化、管理决策科学化，提升油气田建设效率和效益，降低建设项目管理成本

续表

类别	系统名称	系统功能	应用成效
开发生产	油气水井生产管理系统（A2）	管理5个油气矿、35个作业区油气水井的生产动态数据	实现油气生产管理从前期规划计划管理、产能建设、动态监测、动态分析、产能核实到储量核定的闭环管理，满足总部、油田公司、采油（气）厂、作业区（矿、队）各层级油气水井的生产管理
	采油与地面工程管理系统（A5）	油气井、站库、管道，以及主要生产系统设施设备的基础数据管理与应用	实现采油气工艺、井下作业、天然气集输、净化等各专业生产动态数据的在线管理和集成共享，全面提升油气开发生产的管理水平和运转效率
	开发生产管理平台	年度开发部署管理，开发方案管理，开发井产能建设管理，配产与产量管理，气田动态分析，气田监测，井下作业管理，集输系统监测与维护管理，净炼化处理系统监测与维护管理等	实现开发生产业务管理标准化、标准流程化、流程信息化、信息平台化，支撑现场生产、科学研究、决策管理等工作高效协同，推动管理流程再造，促进生产组织方式转变，全面提升开发生产管理和科学决策水平
	作业区数字化管理平台	通过手持终端设备进行巡检资料录取、问题隐患上报、分析处理、任务执行、任务监督和工作考核	应用于西南油气田公司41个作业区的生产操作与管理，实现了一线站场信息化工作室内与室外的全覆盖，有效将各项单项工作质量标准落实到现场各个关键点，改变了员工的工作方式，提高了工作效率
	完整性管理数字化成果应用平台	结合完整性管理实际业务，整理数据采集、高后果区及风险评价、检测评价、维修维护效能评价五步循环过程中的功能需求	全面集成完整性管理过程数据，推进气田完整性管理进程；通过数据关联分析，可有效提升数据价值；全面集成各类监测预警数据，可实现管道站场全时域、全天候监控分析；全流程应急指挥，可有效提升指挥决策的科学性

第二章 特高含硫智能气田含义和需求

续表

类别	系统名称	系统功能	应用成效
开发生产	龙王庙数字化智能化气田系统	一体化生产管理（数字化气藏、数字化井筒、数字化地面）和作业区生产辅助决策、智能巡检、一体化模型、自动优化配产、智能跟踪与诊断、应急处理等	全过程、全方位、全覆盖气田开发业务，实现生产监测调控及时准确，气田管理由现场管理向远程管理转变，优化了生产组织方式，降低了生产运行成本和劳动强度，提升了气田本质安全和应急处置时效性，有效支撑气田产能目标达成和科学、高效生产
管道生产	管道管理平台	管道规划、设计、建设、运行等业务的线上流转	实现管道业务线上流转，提升了管道完整性管理水平
管道生产	管道及站场数据管理系统	管道站场地面基础数据采集、存储、处理、报表、查询等	为作业区、油气矿、西南油气田公司的地面生产管理提供数据服务，共收录19000km管道、3500余座站场、156000余台/套设备的基础资料，实现了地面系统动静态资料的规范管理和便捷查询，提高了西南油气田公司管道完整性管理水平
生产运行	生产运行管理平台	天然气调度，井工程运行管理，水电运行管理，土地管理及自然灾害防治等	实现井工程、试油、原油及天然气生产、净化、运销各类生产运行数据的采集、管理，各类生产报表审核与发布，提升了生产运行管理水平和调度指挥决策能力，降低了运营成本。基于实时数据的生产动态监控与分析，实现管网的实时监视与管控，提高了管网运行效率，促进了油气生产与集输管网平稳运行
生产运行	生产运行指挥系统	覆盖生产调度、钻井运行、土地、水电、自然灾害防治与油地关系协调业务，集流程化、实时化、可视化于一体	实现生产运行主要业务信息化管理，基于大屏的生产运行全业务链条数据的集成和综合展示，提升生产运行管理水平和调度指挥决策能力

续表

类别	系统名称	系统功能	应用成效
生产运行	应急管理系统	重要施工场所、重大危险源视频监管监察，突发事件应急指挥，事故现场音视频信号通过便携式音视频采集终端进行回传	实现西南油气田公司应急管理业务"高清回传、远程调阅、分级处理、可视指挥"，提升应急管理水平
营销	营销管理信息平台	天然气销售管理、油化品销售管理和终端销售管理的基础数据管理、计划管理、监控管理、报表管理、气量数据管理、查询分析管理、系统管理等	实现西南油气田公司营销管理数据的一体化管理
QHSE管理	质量计量标准化信息系统	产品质量管理，计量器具管理，计量数据管理，计量信息发布等	通过数据采集优化整合、应用集成和业务标准化，提高了质量监控水平、标准管控能力和计量工作效率，充分保障分公司质量技术监督工作的开展，使西南油气田公司质量、计量标准管理水平上新台阶
QHSE管理	能效对标应用系统	不同类型单位的对标指标上报、横向对比分析、纵向对比分析、最佳节能实践库等	建立了各级用能单位的水、电、气等的消耗记录数据库，实现各单位的能耗记录表和对标数据的上传、各单位间横向对标以特定单位纵向历史能耗及趋势对标，对西南油气田公司能耗对标具有重要参考意义
QHSE管理	HSE视频监督系统	基于固定摄像头及移动式摄像机，实现区域实时视频监控、区域历史视频回放、施工作业视频监督等	规范现场作业行为，提升了远程监督能力，并为智能监督提供了视频数据基础
QHSE管理	HSE监督助手	HSE监督检查计划下达、任务执行、问题录入、对标查询、整改验证等	规范了HSE检查流程，提高了检查的准确性和科学性，提升现场监督的信息化监管能力，实现问题的闭环处理、在线管理

续表

类别	系统名称	系统功能	应用成效
QHSE管理	车辆GSP管理系统	基于WEB技术、大屏技术的车辆管理、GPS管理、车辆调度管理等	实现了车辆的实时位置监管,实时掌握车辆动态,有效提升车辆管理水平
	标准化信息管理系统	标准信息查询,标准发布,标准修订等	实现企业标准修订的流程化管理,为企业用户提供了快捷的标准查询功能

信息化方面存在的问题包括：部分信息系统的相关数据未采集或数据质量缺乏保障；数据标准和数据安全仍不完善；缺乏对数据的深度分析与利用；自动化和智能化方面的应用较少等。

第三节 气田智能化需求

通过对铁山坡气田相关生产单位(川东北气矿等)、科研单位(勘探开发研究院、天然气研究院等)、管理部门(气田开发管理部、生产运行处等)的调研,梳理总结出铁山坡特高含硫智能气田在建设期和运营期的业务需求,为后续编制建设方案提供了依据。

一、地面工程建设期需求

1. 建设施工过程管理需求

（1）通过流程化管控实现对多个业务流程的线上优化、线上审批、在线归档等功能；

（2）通过物资采办管理实现物资采购的流程化管控,包括物资采办需求计划发起、采购、监造、发货、到货、清料和跟踪等功能；

（3）通过施工现场伴随式采集实现施工全过程所需数据的采集和地面建设工程的流程化、可视化管理。

2. 工地数字化管控需求

（1）通过现场施工设备管控实现对工程建设过程中施工机具状态的感知，真实准确反映现场作业动态，提高过程管控能力，确保工程建设质量；

（2）通过现场视频安全监控实现施工作业带内全方位实时监控，并能历史回放和对施工现场进行行为分析与预警。

3. 数字化竣工移交需求

对地面工程建设过程的数据成果（主要包括勘察设计数据、采购数据、施工过程数据、质量监督管控数据、试运行投产数据、工程竣工文件，以及项目管理数据等）实现归档资料的组卷与全数字化移交，为运营期业务应用提供数据。

二、运营期需求

借鉴龙王庙智能气田示范工程和普光智能气田建设成果和经验，结合西南油气田信息化建设现状，铁山坡特高含硫智能气田在运营期的相关需求总结如下：

1. 业务需求

（1）总体需求。

① 在生产现场和作业现场推广应用智能管控成熟技术，提升建设期、运营期安全管控水平。

② 通过全面感知实现"透明气藏、透明井筒、透明站场、透明管道"，提升气田全生命周期管理能力和一体化管理水平。

③ 建立开发生产一体化管理指挥平台，实现对气田生产运行、应急指挥一体化协同；支撑各部门各专业协同工作，为生产和经营管理提供全面支持、辅助决策，提高工作效率，降低运行成本。

④ 开发应用智能工作流、专家系统、大数据挖掘、人工智能等新一代智能工具方法，形成一套可复制、可推广的智能气田建设技术体系与路径，形成支撑特高含硫气田开发业务智能化生态运营新模式。

⑤ 优化调整组织架构，组织机构扁平化，撤销作业区，完善中心站建设，完成两级管理模式建设，集中生产调控，强化安全监督、应急抢险维修等专业化管理。

（2）具体需求。

铁山坡特高含硫智能气田的具体业务需求归纳为专业一体化智能协同、开发生产智能管理、安全环保智能管控和经营管理优化决策4个方面，见表2-3-1。

表2-3-1　铁山坡特高含硫智能气田业务需求汇总

序号	需求类别	主要用户	需求	需求说明
1	专业一体化智能协同	勘探开发研究院科研所	动态储量管理	基于油藏数值模拟和物质平衡模型计算油藏地质储量、动态储量，实现储量的动态管理；根据储量变化情况，及时调整油藏数值模型和物质平衡模型；根据储量变化情况，及时优化开发方案
		气田开发管理部开发科科研所	产量管理	以竞争性开发最大产气量为目标，优化配产权重，进行科学配产；对于目前单井轮换计量的问题，采用虚拟计量，实现单井的连续计量和输差管理；以配产计划为基础，基于虚拟计量技术对气藏及单井生产计划完成情况实时跟踪、优化

续表

序号	需求类别	主要用户	需求	需求说明
1	专业一体化智能协同	气田开发管理部 开发科 科研所	采气工艺与井下作业管理	基于井筒实时模拟及生产动态调整情况,判断井筒硫沉积和水合物的形成位置及形成风险,并提供治理措施;监测环空压力变化,及时查询井筒风险等级和单井完整性评价报告,进行油套管腐蚀情况的检测,分析腐蚀对井筒完整性带来的危害,及时指导下一步措施及作业
			输气工艺管理	基于实时数据对地面集输管网进行模拟,判断管网温压流量异常,并结合异常位置及时进行报警;基于管道基础数据及实时运行数据,实时计算管输效率,用于指导清管作业安排;基于管道基础参数及实时运行数据,通过相关算法计算管道泄漏放空时间,支持泄漏事故的应急处置
2	开发生产智能管理	中心站、开发科、地质科、生产运行科、营销部	气田总况信息综合监控	对气田勘探地质、油气开发、生产情况及运维监控等专题信息进行汇总展示,实现气田信息总览及综合监控
		中心站、开发科、生产运行科、质量安全环保科、调控中心	生产调度信息综合监控	对气田生产运行、自然灾害防治、水电运行监控、气象、地震影响分析等内容进行全方位展示,实现对气田生产调控信息综合监控
		中心站、开发科、生产运行科	智能工作流监控	基于一体化模型、井筒可视化、经济评价等智能工作流成果,分类展示铁山坡气田智能跟踪诊断、硫沉积、管网效率、自动优化配产等指标,实现智能工作流综合展示
			实时数据监控	基于生产实时数据,在办公网实现站场三维模型二次组态,实现数据实时监控

续表

序号	需求类别	主要用户	需求	需求说明
2	开发生产智能管理	气田开发管理部开发科	地面硫沉积防治	根据采集的数据，运用相关算法预测硫沉积是否形成，以及硫沉积的部位和堵塞程度，并对堵塞情况及介质流态进行展示；以流速或压差设置边界条件，达到不同设定值时进行分级预警，提示尽快解堵，并根据工艺系统内堵塞程度推荐合理解堵措施(溶硫剂解堵/拆卸解堵等)
			水合物防治	根据采集的数据，运用相关算法，预测水合物是否形成及水合物的部位，并对介质流态进行展示；以气流温度与水合物形成温度的差值设置边界条件，达到不同设定值时进行分级预警，并提示采取措施(调整水套炉温度/放空解堵等)
			段塞流预测	基于段塞流预测模型，通过生产数据的驱动，快速开展生产运行中管线段塞流的形成及特性参数计算，结合捕集器动态运行参数，进行风险预测；从段塞流形成的机理出发，综合考虑捕集器处理能力，模拟不同工况下段塞流的形成及影响，提供合理生产参数调整依据；建立段塞流处置模型，结合捕集器运行动态监控，判断段塞流影响的严重程度，给出合理的处置方案；通过捕集器和管线的实时监测数据，结合段塞流预测模型模拟情况，建立管线段塞流的诊断、报警、处置机制，并通过远程监控，辅助捕集器运行调整和生产参数优化，保证气田安全生产

续表

序号	需求类别	主要用户	需求	需求说明
2	开发生产智能管理	开发科科研所	气藏动态分析	根据气藏井底流压和地层压力、单井无阻流量、气藏渗透率、动态储量等数据，认识气藏变化的规律，为生产优化提供支撑；气藏开发动态关键指标的计算及三维地质模型展示；计算单井流入、流出、临界携液量、井筒冲蚀情况，用于井筒生产跟踪分析；生产系统动态监测、日月年的生产动态分析、开发指标跟踪
		开发科科研所中心站	站场工艺动态模拟优化	针对装置生产过程中的工艺过程参数，通过模拟仿真技术提供辅助判断的模拟值，从而为运行参数偏离设定工况给出操作建议；针对装置的运行进行提前预测预警，减少可能发生的报警或者故障概率；针对装置生产过程中的设备运行状态参数，通过模拟仿真技术提供辅助判断的模拟值，从而为设备的运行参数偏离设定工况给出操作建议；针对站场工艺装置的实际运行工况，给出运行方案的优化建议；针对不同变工况下的工艺运行参数进行优化分析，指导生产运行方案调整
			开停井工况模拟	通过设置各种不同模型边界条件和参数进行工作流模拟工况的设置；根据用户需求定制特殊的工况类型，包括开井投产工况模拟和酸敏试验工况模拟；通过驱动工况模拟数据流，模拟预测单井的阀门开度、井筒和管线沿程的产量、温度、压力、产水量变化、段塞流风险、积液风险、水合物风险等生产趋势和风险；通过不同工况下方案的模拟，形成不同条件下的模拟方案；通过选择需要对比的方案，进行不同工况条件下的方案对比，实现关键点水合物生成风险、积液风险和管线沿程温度损失情况的对比

续表

序号	需求类别	主要用户	需求	需求说明
2	开发生产智能管理	开发科 中心站 营销部	站场和管道完整性管理	按照站场及管道完整性管理的规范，对数据采集、风险评价、监测检测评价、维修维护，以及效能评价等完整性管理数据进行统一管理，实现站场管道本质安全管理
		中心站 营销部	井筒完整性管理	快速直观获取与井完整性相关的基础信息，对可能导致井完整性问题的危害因素进行风险跟踪，根据井完整性评价结果制定合理的技术和管理措施，预防和减少事故发生
3	安全环保智能管控	质量安全环保科 中心站	日常安全管理	风险监控与防范：按照日常安全风险监控的要求完成分散在不同系统中、不同存储方式的地质灾害、风险作业活动、问题隐患等数据的汇聚，实现安全风险的统一监控； 风险预警与处置：为满足风险预警监测手段统一管理的需求，整合铁山坡气田气井动设备故障诊断、生产实时监控、高后果区视频监控、光纤第三方破坏监测、次声波泄漏监测等监控手段的报警信息，实现安全风险预警监测与处置； 应急演练管理：通过从计划制定、方案编制、过程推演到事后分析等应急演练过程的全流程管理，为铁山坡气田的应急准备和处置能力评估提供依据，帮助发现应急预案和处置程序中存在的缺陷和不足

续表

序号	需求类别	主要用户	需求	需求说明
3	安全环保智能管控	质量安全环保科中心站	事故应急处置	事故影响分析：事故发生后快速定位事故位置，了解事故点影响管段、上下游站场的开井状态、压力、流量等实时数据，获取事故区域风速、风向和大气压力等实时数据，辅助计算泄漏量、放空时间和有毒气体扩散情况等； 人员疏散：根据有毒气体扩散情况，结合生产区域的人居调查数据，分析需要疏散的人员范围和数量，推荐撤离路线，通过社区广播通知人员撤离到指定集合点并进行跟踪，确保人员疏散的及时性和有效性； 应急资源调派：分析周边可以调用的应急资源，并确保救援力量到达顺序和现场布置位置，确保应急救援的有序和高效； 应急指令下达及跟踪：指挥中心在线下达指令，现场人员通过移动终端、单兵、智能安全帽等手段，实时反馈气体监测情况、现场文字和音视频信息等，方便应急人员及时掌握事故现场动态
4	经营管理优化决策	规划计划科财务科	经济效益分析	基于油气操作成本估算、资金筹措、总成本费用等数据，采用科学、规范的分析方法，对项目的财务可行性和经济合理性进行分析论证，做出全面的经济评价和管理辅助决策
			不确定性分析	基于油气开发投资项目的特点，选择油气销售价格、油气产量、经营成本、投资等对项目效益影响因素进行敏感性分析；基于项目达产年的盈亏平衡点，分析项目成本与收入的平衡关系，进行盈亏平衡分析

注：处、部、院为西南油气田机关和直属单位，科、中心站为川东北气矿机关和直属单位。

2. 软件功能需求

为实现对铁山坡特高含硫智能气田业务需求的响应和支撑，相应的软件功能需求汇总见表 2-3-2。

表 2-3-2　铁山坡特高含硫智能气田软件功能需求

序号	需求类别	需求	需求说明	性质
1	智能气田基础环境	梦想云环境	参照梦想云与区域湖的架构，结合西南油气田公司身份认证、门户、SOA 架构平台等现有公共技术平台构建智能气田基础平台	新建
		区域湖环境		新建
		油气生产大数据业务管控模型算法库	模型算法暂依托一体化模型独立管理，待西南油气田公司完成相关建设后进行集成	新建
2	数字孪生	智能化实时模型（气藏、井筒、地面一体化数字孪生）	在龙王庙智能气田技术验证的基础上进行气藏模型、井筒模型、地面模型，以及一体化模型耦合建设，为智能工作流建设提供基础	新建
		一体化全景展现	在龙王庙智能气田技术验证的基础上进行一体化模型的可视化	新建
3	气田生产智能感知	井筒完整性管理	复用西南油气田公司已建井筒完整性管理成果	复用
		可视化井筒	根据钻完井数据自动生成井眼轨迹图，定制全井筒屏障检测数据接口、采气工艺参数优化接口，实现井筒可视化	新建
		开发储量管理	结合开发生产管理平台进行开发储量管理模块建设	新建
		气田开发知识库	结合西南油气田公司地质大调查工作成果开展气田开发知识库建设	新建
		经济效益评价	将投资和成本与实际业务指标相结合开展实时经济评价	新建

续表

序号	需求类别	需求	需求说明	性质
4	气田生产自动操控	智能主动安防	结合摄像头及相关硬件实现主动入侵报警等智能主动安防	纳入自控
		摄像头智能巡检	根据站场巡检任务开展摄像头智能巡检模块建设	自控新建
		机器人智能巡检	租赁机器人并开发接口，开展机器人智能巡检模块建设	租赁新建
		无人机智能巡检	租赁无人机并开发接口，开展无人机智能巡检模块建设	租赁新建
5	生产运行趋势预测	硫沉积、水合物及段塞流预测	建立硫沉积、水合物及段塞流预测模型，实时计算铁山坡区块地面管线内不同位置的温度、压力、持液率、硫沉积量、水合物和段塞流等流动保障指标，实现硫沉积、水合物及段塞流预测	新建
6	生产优化与决策	自动优化配产	在龙王庙智能气田技术验证的基础上进行自动优化配产工作流建设	新建
		智能跟踪与诊断	在龙王庙智能气田技术验证的基础上进行智能跟踪与诊断工作流建设	新建
		生产运行可视化	在西南油气田公司生产运行指挥系统建设成果的基础上开展生产运行可视化建设	新建
		应急指挥可视化	在西南油气田公司应急指挥系统及川东北应急管理系统建设成果的基础上开展应急指挥可视化扩展建设	复用新建

3. 数据需求

通过对业务需求及软件功能需求所需数据的分析，梳理出原始数据需求199张数据表，专业合并后为183张数据表，西南区域湖覆盖了其中的162张数据表，相关数据可以入湖，其他21张非基础数据表或过程性数据暂不入湖。随着软件应用模块的细化，将提出新的数据需求，需持续开展数据分析和数据采集工作。

涉及的主数据包括探井、开发井、管线、站场、处理厂、地层层序、构造或油气田、设备、项目、工区和组织机构共 11 类基本实体。

涉及的业务数据包括物探数据、钻井数据、录井数据、试油数据、测井数据、分析化验数据、油气开发数据、工程建设数据、油气销售数据、生产运行数据、空间地理数据、生产实时数据、设备综合数据和管道站场数据，共 14 个专业领域。

4. 基础设施需求

基础设施方面的需求主要包括：

（1）建设自动化控制系统。

按照"安全规格等级最高、工业自控水平最高"的标准要求建设铁山坡气田自动化生产控制系统，实现生产现场的自动化过程控制及异常情况下的联锁控制。

（2）建设油气生产物联网系统。

依托川东北气矿办公网和生产网建设气田油气生产物联网系统；依托自动化控制系统、视频安防系统实现设备状态、工艺动态、周边环境等的全面感知、实时传输和远程集中监控。为支持数字孪生技术应用，选择的智能化检测仪表及阀门定位器、远传仪表均要求带 HART 通信协议。

（3）构建覆盖全气田的高速通信网络。

构建高带宽、低时延的生产网，满足视频传输与分析及无人机、机器人、摄像头等智能设备远程实时控制的需要。为确保气田数据传输与相关应用的通信链路可靠性，需在气田内组建冗余网络。

（4）以"安全节能、减员增效"为目标选择相关设备设施。

安防采用光纤振动预警、次声波泄漏监测、气体泄漏报警、高清视频、声光报警驱离与社区广播等设施，部署一批功能完备、性能优良的无人机、机器人等用于深度巡检。

(5) 构建统一的气田级算力环境。

在调控中心建设云端智能计算硬件,满足数据汇聚、图像识别、智能分析、预警预测等应用需求;在站场、阀室等部署智能边缘计算硬件,满足图像识别和图像分析的需求。

(6) 构建气田级网络安全防护体系。

按照中国石油和西南油气田网络安全架构体系构建气田级网络安全防护体系,实现工业控制网、办公网、生产网环境下视频流子网分区隔离及出口防护。

第三章
特高含硫智能气田建设方案

在全面调研铁山坡气田信息化现状和分析业务的智能化需求的基础上,编制了铁山坡特高含硫智能气田建设方案(初步设计和详细设计),主要内容包括建设目标和内容、设计原则、架构设计、生产智能管控平台建设、数据治理、IT基础设施建设和地面工程建设数字化管理与移交,为开展铁山坡特高含硫智能气田建设提供了指南。

第一节 建设目标和内容

一、建设目标

铁山坡特高含硫智能气田建设遵循中国石油数字化转型架构,基于西南油气田数字化建设成果,采取已建与新建相结合的方式,聚焦"专业一体化智能协同、开发生产智能管理、安全环保智能管控、经营管理优化决策"四大业务应用场景,通过集成整合先进信息技术、信息资源与气田建设和运营深度融合,实现"全面感知、自动操控、趋势预测、优化决策、协同管控"的气田开发生产新模式,促进业务和组织变革,提升管理效率和经济效益,打造特高含硫智能气田安全清洁新典范、高效开发新标杆。

二、建设内容

铁山坡特高含硫智能气田建设内容包括如下4个方面。

1. 生产智能管控平台建设方面

基于中国石油勘探开发梦想云平台开发,依托梦想云平台服务中台开发相应的应用服务,包含以下方面。

(1) 智能气田基础平台:数据基础环境、数据存储管理、数据治理与入湖、数据集成与监控、数据应用与服务。

(2) 气藏—井筒—地面一体化模型:气藏模型构建、井筒模型构建、地面模型构建、一体化模型耦合、一体化模型全景展现。

（3）智能跟踪与诊断：气藏模拟与分析、井筒模拟与诊断、管网模拟与诊断。

（4）自动优化配产：智能配产、配产执行监控、配产风险评估。

（5）井筒可视化：井完整性概况、三维井筒、生产自动分析与诊断。

（6）开发储量管理：开发储量数据库、储量数据综合应用。

（7）气田开发知识库：气藏知识库、气井知识库。

（8）生产运行可视化：气田总况、生产调度、全面感知、智能预测、工控可视化。

（9）完整性管理：复用已建的井筒完整性管理、站场完整性管理、管道完整性管理。

（10）水合物预测：管网水合物预测、井筒水合物预测、水合物假定工况模拟。

（11）硫沉积预测：井站硫沉积预测、支干线硫沉积预测、井筒硫沉积预测、硫沉积假定工况模拟。

（12）段塞流预测：段塞流动态模拟预测、段塞流假定工况模拟、段塞流处置方案制定。

（13）站场动态工艺模拟：工艺实时监控与预测预警、设备运行状态监测、工艺优化分析。

（14）开停井工况模拟：假定工况模拟、模拟预测分析、方案对比优选。

（15）开停工工况模拟：开工方案、停工方案。

（16）应急指挥可视化：应急部署智能规划、音视频指挥调度、应急演练动态模拟，复用现有在用的应急数据管理、应急响应、应急处置。

（17）无人机巡检：无线通信组网设计、远程控制中心设计、管道巡线功能设计。

(18) 经济效益评价：评价项目管理、项目经济评价、评价结果展示。

2. 数据治理方面

整合建产期、运营期各类业务数据，开展数据集成与治理，形成标准统一的完整气田数据集，为各应用场景提供统一的数据共享环境和应用集成环境，主要工作包括数据标准修订、数据治理与入湖、数据服务。

3. IT 基础设施建设方面

支撑业务应用的 IT 基础设施包含：

(1) 计算机系统；

(2) 网络与通信系统；

(3) 自动化控制系统；

(4) 物联网系统；

(5) 信息化辅助系统。

4. 地面工程建设数字化管理与移交方面

复用西南油气田已建的地面工程建设数字化管理移交平台功能，主要工作包括数据采集、数字化管控和数字化移交。

本章第四节至第七节将对以上各项工作详细介绍。

第二节 设 计 原 则

铁山坡特高含硫智能气田建设围绕中国石油数字化转型工作总体要求，充分依托中国石油统建系统和西南油气田自建系统，建设方案设计遵循先进性、经济性、标准化、可扩展性、安全性和示范性原则。

第三章 特高含硫智能气田建设方案

一、先进性

积极学习借鉴国内外数字化转型、智能化管理理念，采用先进、成熟、符合现代信息技术发展方向的系统架构、技术和产品，稳步推进物联网、移动应用、云计算、大数据、人工智能等新技术的实际应用。

二、经济性

在重视先进性的同时，注重系统性价比，以业务需求为导向，处理好通用技术平台建设、已建系统功能推广完善、新建业务应用之间的关系，充分利用已有系统功能及数据，实现深度融合和集成应用，避免重复性建设，降低建设成本和风险。

三、标准化

充分考虑国际和国内石油企业相关标准和规范，支持业界通用规范，采用中国石油2013年发布的EPDM 2.0模型，以中国石油梦想云为基础进行智能气田系统架构设计和业务应用功能设计与开发，与西南油气田数字化转型顶层设计一致，保持技术上的兼容和互联互通，为系统升级扩展和与其他系统的集成共享提供良好基础。

四、可扩展性

软件设计开发充分考虑未来业务发展的需要，系统应用模块化设计，可以根据业务变化灵活扩展。

五、安全性

遵循中国石油的安全认证体系进行网络安全、数据安全和系统安全设计，建立完善、可靠的数据、系统访问权限、备份与恢复机制，确保系统具备较高的安全性和保密性。

六、示范性

系统一体化设计、开发、实施和应用，突出业务协同、生产管理、安全环保的智能化建设效果，具有示范推广价值，成为可复制可推广的特高含硫智能气田样板工程。

第三节 架构设计

一、总体架构

铁山坡特高含硫智能气田总体架构如图 3-3-1 所示，由基础支撑、智能应用和新模式三部分构成。

基础支撑：包括基础平台（数据管理、数据安全）、已建信息系统（统建系统、自建系统）和基础设施（网络通信、计算机、物联网、自动化控制、信息

第三章 特高含硫智能气田建设方案

图 3-3-1　铁山坡特高含硫智能气田总体架构

安全）。

智能应用：支撑"专业一体化智能协同、开发生产智能管理、安全环保智能管控和经营管理优化决策"四大业务应用场景，包括一体化模型、智能跟踪与诊断、自动优化配产、井筒可视化、开发储量管理、气田开发知识库、完整性管理、水合物预测、硫沉积预测、段塞流预测、生产运行可视化、应急指挥可视化、经济效益评价等应用功能。

新模式：支撑扁平化组织模式、智能化业务模式和协同化管控模式的运作。

二、技术架构

铁山坡特高含硫智能气田技术架构（图 3-3-2）基于中国石油勘探开发梦想云平台技术体系进行设计和开发。西南油气田梦想云 PaaS 平台以 Docker 容器和 Kubernetes 容器化资源编排作为基础，采用 SpringCloud 微服务作为架构框架，结合 Alibaba 开源中间件，提供包括服务网关、服务注册、服务发现、服务路由、服务跟踪、配置管理、服务熔断降级、灵活扩展、服务高可用保护、服务跟踪监控等多种能力。

图3-3-2 铁山坡特高含硫智能气田技术架构

业务中台基于梦想云提供的通用业务中台组件和数据中台组件。通过分析梦想云提供的技术平台能力清单，选择相关的技术组件，为应用开发提供公共基础服务支撑，包括文件管理、应用管理、用户中心、流程中心、文档中心、日志中心、消息中心、统一门户等，实现技术统一，新建系统可以快速复用已有功能。

由西南油气田云平台及算力中心对办公网的 IaaS 资源进行统一建设和分配，铁山坡特高含硫智能气田基于业务应用对算力的实际需求提出资源需求清单，结合智能气田的业务需求和软硬件环境需求，基于梦想云平台和区域湖的相关技术栈设计智能气田的应用系统开发、测试和运行环境，如图 3-3-3 所示。

开发环境：研发人员使用 SpringCloud+Vue3 微服务开发框架搭建项目。完成项目初步搭建后使用构建工具 GitLab 和瑞道 DevOps 配置流水线任务，在 GitLab 创建 dev 分支。使用 DevOps 拉取 dev 分支创建流水线，运行构建过程。构建过程包括编译代码、运行单元测试、生成可执行文件或部署包等。在完成流水线后通过 Kubernetes+Docker 框架技术完成项目的容器化部署。

测试环境：当开发环境完成阶段性开发，通过 GitLab 创建 test 分支，使用瑞道 DevOps 拉取 test 分支。创建流水线镜像，完成容器化部署，业务人员与测试人员可进行页面可视化测试。通过禅道等管理工具对项目的需求和 bug 等进行完善。

生产环境：完成测试后项目转为生产部署阶段。在测试环境完成等保测评后，通过在 GitLab 创建 master 分支，使用 DevOps 拉取 master 分支。构建流水线镜像，完成生产环境容器化部署。在部署过程中如果发生问题或错误，可对 Docker 镜像进行切换，使项目回滚至上一个稳定的版本。使用私有云 PaaS 平台管理项目可实现项目代码的打包和容器化编排、自动化部署和管理。根据负载自动进行伸缩，以满足不同的访问需求；根据项目使用资源情况，

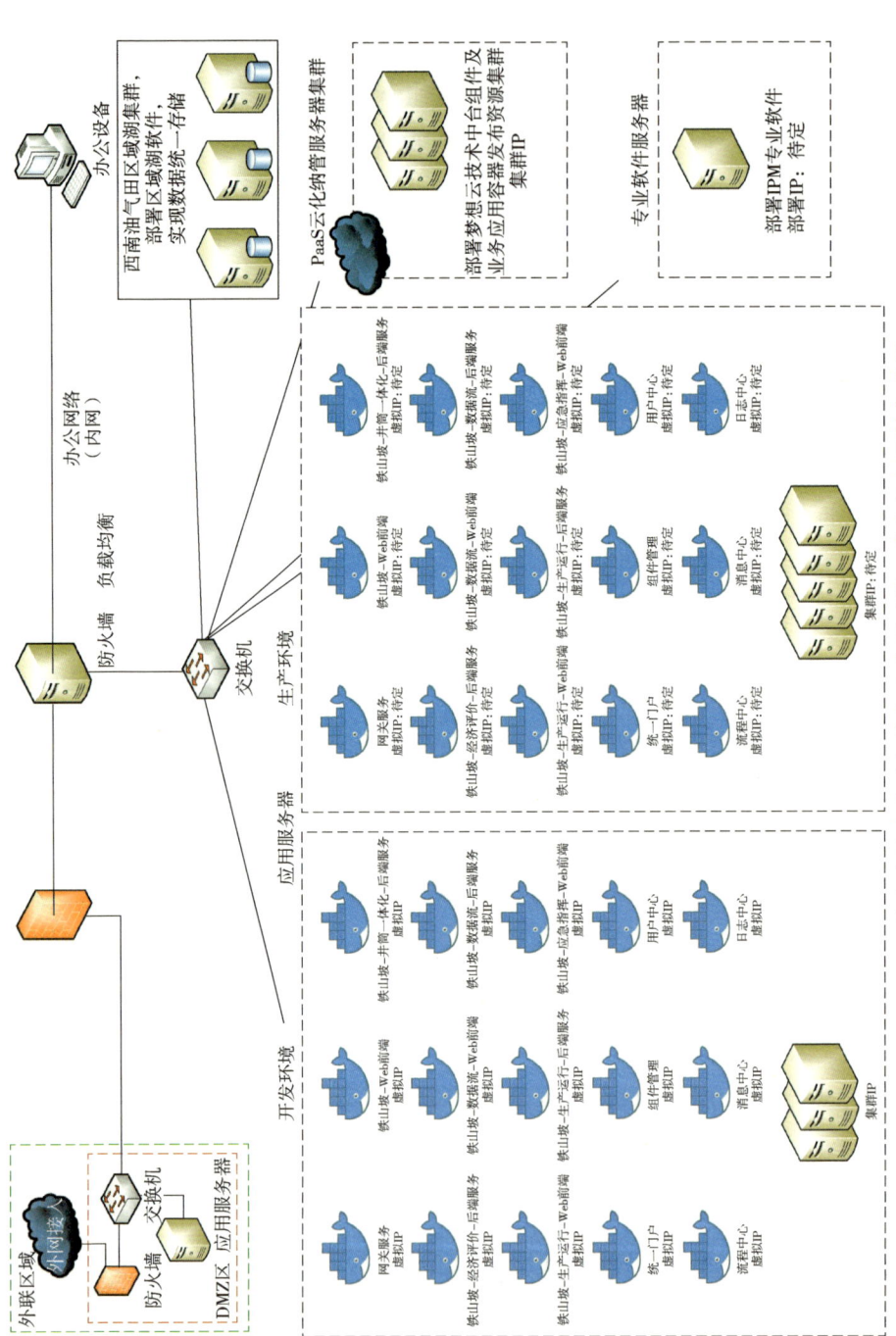

图3-3-3 铁山坡特高含硫智能气田应用系统开发和运行环境拓扑图

自动分配 CPU、磁盘等硬件设施；根据路由配置、网络配置，对项目进行统一域名管控；根据访问需求，配置可访问系统 IP 范围。同时建立监控和日志记录系统，及时发现和解决潜在的问题，保障平台的稳定运行。

DMZ 服务器：部署生产运行可视化等移动端应用，实现在可控范围内提供功能和互联网移动端访问入口。

区域湖集群：铁山坡智能气田使用西南油气田区域湖软件平台和区域湖 pg 数据库集群环境开展数据汇聚与共享。

PaaS 平台集群：用于对接中国石油天然气集团公司云管端，部署西南油气田 PaaS 平台的管理节点和服务节点，构建西南的 DevOps 自动化流水线平台和弹性伸缩的容器化应用发布平台。

应用集群：部署梦想云技术中台共享能力组件，在梦想云提供能力的基础上，部署铁山坡智能气田的云原生业务应用。

专业软件服务器：用于部署运行 IPM 专业软件套件，支撑一体化模型分析专业软件运行。

三、数据架构

铁山坡特高含硫智能气田以业务应用对数据的需求为依据，依托西南油气田区域湖的数据环境，按照统一的数据模型和数据管理规范从源头系统入湖数据并发布数据服务，在实现数据统一集中化管理的同时，保证了数据在采集、治理、存储、分析应用整个过程中的及时性、准确性、完整性和一致性，为智能气田应用提供业务数据支撑及数据共享环境。

数据架构如图 3-3-4 所示，由数据访问存储层、模型设计层和数据应用层构成。

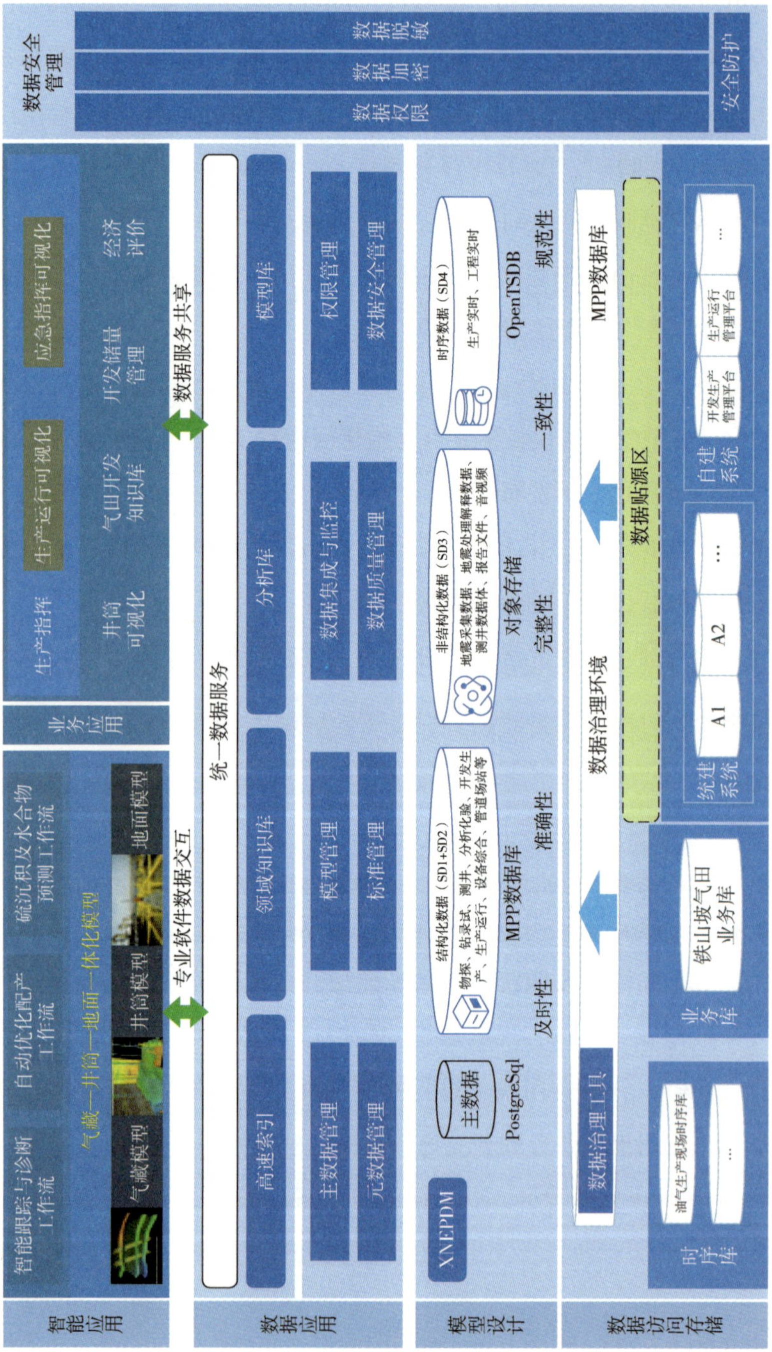

图3-3-4 铁山坡特高含硫智能气田数据架构

数据访问存储层：需要访问的源头数据库主要包含时序数据库（如油气生产现场实时数据等）、铁山坡智能气田各子系统业务数据库、集团统建系统和自建系统的业务数据库和对应的贴源数据库，通过数据湖治理工具对各源头数据层的数据进行汇聚。

模型设计层：按业务专业对数据资源进行编目和归集，以 EPDM 2.0 数据模型为基础，涵盖主数据、油气生产、试油试采、钻井、录井、测井、物化探等专业的标准数据存储，并将非结构化数据和时序数据纳入管理范围。

数据应用层：以数据治理软件为基础，实现主数据、元数据、模型、质控规则、标准、权限、质量评估和数据集成与监控管理等功能，通过数据服务对外提供接口访问服务，实现与业务应用的数据共享与交互。

智能气田基础平台基于梦想云平台、区域湖、数据流交互平台和气藏—井筒—地面一体化模型等构建智能气田基础底座，利用相关工具对气田生产运营全链条业务数据开展数据集成与治理，形成按统一数据标准整合的结构化数据、非结构化数据、实时数据等全类型数据，为气田智能应用场景提供安全、高效、高质量的业务数据支撑及数据共享环境，并为大数据分析、认知计算等提供基础。

智能气田基础平台包括 6 个功能模块：

（1）基础环境：提供基础的数据管理功能，包括数据源管理、数据权限管理、元数据、数据模型和数据标准；提供基于敏感数据的监控、脱敏和加密操作，确保数据访问的安全。

（2）存储管理：包括结构化、非结构化、时序数据存储和管理工具。

（3）数据治理：主数据管理提供对企业核心实体对象的统一编码和管理，同时对非结构化数据、时序数据提供集中化管理；提供数据质量监控，确保数据质量。

（4）数据集成与监控：主要完成数据集成与监控，对数据链路进行监控。

（5）数据服务：包括数据服务地图和业务门户，提供应用数据库、数据集管理和统一的数据服务，通过数据服务帮助上层应用直接完成数据的调取使用，而不需要移动或转换数据。

（6）控制台：作为数据汇集的全局运维管理工具，提供智能应用基础的概览和组件控制台等运维管理功能。

四、集成架构

铁山坡特高含硫智能气田信息系统通过梦想云统一门户和用户中心实现内外部系统功能集成，对接西南油气田梦想云用户中心（IAM）实现系统权限的统一，通过权鉴令牌和服务网关实现功能模块权鉴。集成架构如图3-3-5所示，遵循统一的服务设计规范，分为内部业务服务集成、外部业务服务集成和数据湖服务集成三个方面。

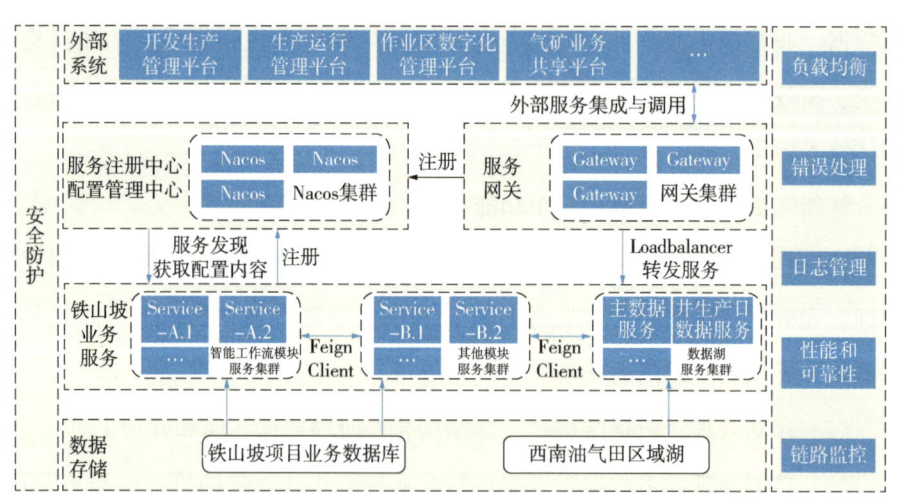

图3-3-5　铁山坡特高含硫智能气田信息系统集成架构

内部业务服务模块通过微服务方式实现集成，各个业务模块通过注册中心来做服务注册和发现，通过OpenFeign技术实现服务间调用；外部服务通过网关的方式集成，外部服务调用方携带安全认证相关信息通过网关访问内部服务。外部系统提供服务给内部系统使用，如果满足系统的网关规则并且集成了用户中心及权鉴，可以直接集成到网关系统提供服务；如果不满足系统的网关规则，则需要提供相应调用协议和调用方式，由内部系统实现调用。以 http 协议提供的 RestFul 风格的 API 方式与数据湖服务实现集成，通过数据湖服务提供的 Token 令牌实现用户权鉴。

五、安全架构

铁山坡特高含硫智能气田安全设计覆盖数据安全、物理安全、基础架构安全、应用安全、身份/访问安全、运维安全、安全保密管理制度等多方面多角度，对系统开发与测试、上线试运行、系统投产运行和系统运维的全过程进行管控，安全架构如图 3-3-6 所示，安全防护清单见表 3-3-1。

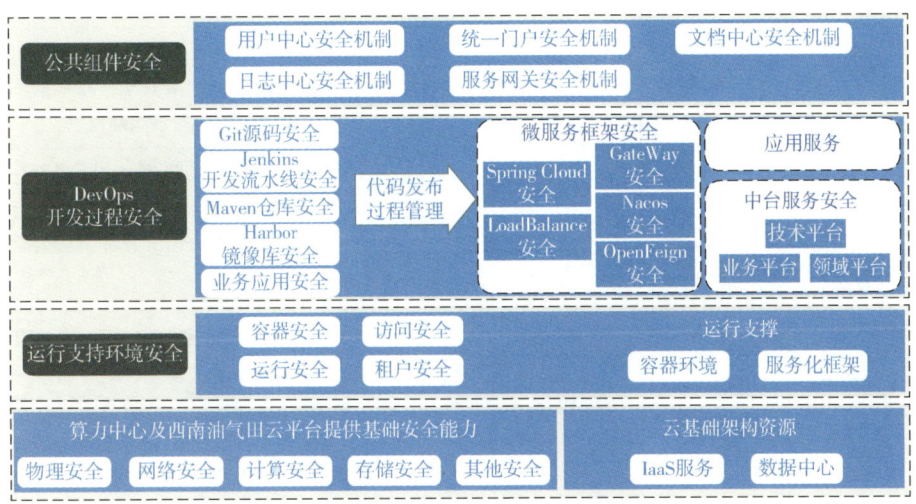

图 3-3-6　铁山坡特高含硫智能气田信息安全架构

表 3-3-1 铁山坡特高含硫智能气田安全防护清单

安全类别	安全项	依托工具	类型	描述
公共组件安全	用户中心安全	西南油气田 IAM	平台提供	梦想云用户中心集成西南油气田IAM，使用JWT进行权限验证，实现用户权限安全管控
	统一门户安全	用户中心	平台提供	对接西南油气田梦想云用户中心，由用户中心统一控制用户权鉴
	文档中心安全	用户中心	平台提供	对接西南油气田梦想云用户中心，由用户中心统一控制用户权鉴
	日志中心安全	用户中心	平台提供	对接西南油气田梦想云用户中心，由用户中心统一控制用户权鉴
	服务网关安全	用户中心 加密验签	平台提供 项目提供	对接西南油气田梦想云用户中心，由用户中心统一控制用户权鉴，对于集成的服务请求，提供非对称加解密进行服务验签
DevOps开发过程安全	Git源码安全	IP限制 用户权限限制	平台提供	在西南油气田办公网络安装Git仓库，通过IP限制和用户限制保证源码安全
	Jenkins开发流水线安全	PaaS平台	项目提供	由PaaS平台统一集成西南油气田IAM实现用户权限安全，并根据不同的命名空间进行沙箱隔离
	镜像仓库安全	HarBor	平台提供	使用PaaS平台提供的HarBor镜像仓库管理镜像，用户权限由PaaS平台统一对接西南油气田IAM进行安全管控
	Maven仓库安全	IP限制	平台提供	使用PaaS平台提供的Maven仓库管理第三方程序包，由PaaS平台统一对接西南油气田IAM进行用户权限安全管控，通过IP限制实现网络安全防护
	业务应用安全	用户中心	项目提供	系统功能通过集成梦想云用户中心进行权限管控，通过IP限制实现网络安全防护

续表

安全类别	安全项	依托工具	类型	描述
微服务架构安全	SpringCloud安全	PaaS 平台	平台提供	由 PaaS 平台统一集成西南油气田 IAM 实现用户权限安全,并根据不同的命名空间进行沙箱隔离
	GateWay 安全	用户中心服务加密	平台提供项目提供	项目使用 GateWay 实现服务网关,结合用户中心对接西南油气田 IAM 实现权限认证,并使用非对称加密实现服务间调用的安全防护
	Nacos 安全	用户权限IP 限制	平台提供项目提供	由 PaaS 平台根据不同的命名空间进行沙箱隔离,由项目组提供 Nacos 的访问账号实现用户权限安全
	LoadBalance安全	PaaS 平台	平台提供	由 PaaS 平台统一集成西南油气田 IAM 实现用户权限安全,并根据不同的命名空间进行沙箱隔离
	OpenFeign 安全	PaaS 平台	平台提供	由 PaaS 平台统一集成西南油气田 IAM 实现用户权限安全,并根据不同的命名空间进行沙箱隔离
运行支持环境安全	容器安全	Docker	平台提供	PAAS 平台对 Docker 集群进行统一安全管理
	访问安全			
	运行安全	PaaS 平台	平台提供	由 PaaS 平台统一集成西南油气田 IAM 实现用户权限安全,并根据不同的命名空间进行沙箱隔离
	租户安全	PaaS 平台	平台提供	由 PaaS 平台统一集成西南油气田 IAM 实现用户权限安全,根据不同的租户提供不同的命名空间,并根据不同的命名空间进行沙箱隔离

续表

安全类别	安全项	依托工具	类型	描述
算力中心安全	物理安全	算力中心	算力中心提供	由算力中心进行统筹考虑
	网络安全			
	计算安全			
	存储安全			

第四节　生产智能管控平台建设

根据铁山坡特高含硫气田运营期的智能化业务和软件功能需求，设计开发生产智能管控平台，包含19个软件功能模块（图3-4-1），支撑专业一体化智能协同、开发生产智能管理、安全环保智能管控和经营管理优化决策四大业务应用场景。

按照敏捷开发模式进行业务功能设计和功能代码实现，每个开发迭代周期进行功能测试和回归测试，以确保软件功能的适用性和可靠性。

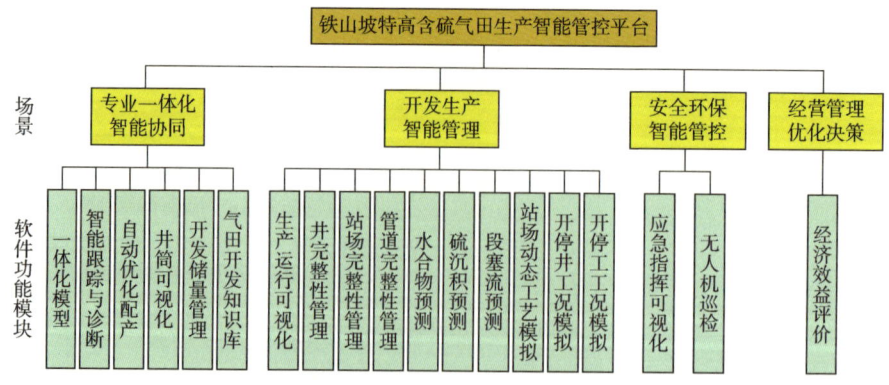

图3-4-1　铁山坡特高含硫气田生产智能管控平台应用场景和软件功能模块

第三章 特高含硫智能气田建设方案

一、专业一体化智能协同场景

传统的智能工作流往往基于气藏、井筒或地面软件进行单一模型和工作流的搭建，各环节相对独立，难以实时、快速分析相互之间的影响，无法从地下到地上考虑气田的整个开采过程。专业一体化智能协同以一体化仿真模型为核心进行气藏模拟分析和井筒、地面模拟诊断，打破传统的业务边界，将独立的气藏、井筒和地面模型耦合为同一时间内的一体化模型，更好地反映了气田生产状况，促进跨专业的业务协同。

1. 一体化模型

气藏—井筒—地面一体化模型集成现有的生产、研究、经济模型数据，建立一体的、联动的以效益为驱动的快速响应机制，解决油气生产各个环节之间的相互制约问题，实现整个气藏的最优化开发，发挥气藏资产的最大效益。

围绕实时更新的气藏—井筒—地面一体化模型来构建各类智能化应用，确保整体生产管理的一致性，是提升气田智能化管理能力的需要；聚焦核心业务促进全局优化生产，突出整体生产的科学管理优势，是提升气田从单个对象到系统分析的高效管理能力的需要。基于一体化模型制定科学的生产计划，及时掌握油气生产动态、及时发现油气生产过程中的问题、快速挖掘油气生产潜力、快速制定和实施生产调整优化措施，达到促进油气稳产增产的目的。

气藏—井筒—地面一体化模型建设可以解决以气矿为核心的全局生产优化，强化不同层级之间、不同部门之间的业务协同，实现规划计划、方案编制、油气生产、采油与地面运行的全程流程化运行管理，提高生产管理水平，最大程度优化不同部门岗位的协同工作效率，提高生产分析决策的执行效率与成功率,降低不同部门岗位的沟通成本,减少生产故障事故带来的经济损失。

以气藏—井筒—地面一体化模型为核心,有效衔接各类智能化应用,推动西南油气田公司各层级、多部门在一个模型上开展协同应用,有利于推动西南油气田公司数字化转型。

使用英国 Petroleum Experts(Petex)公司开发的油气藏、井和地面一体化生产模拟与优化系统(Integrated Production Modelling,IPM)构建气藏—井筒—地面一体化模型,一体化模型建模和维护逻辑如图 3-4-2 所示。

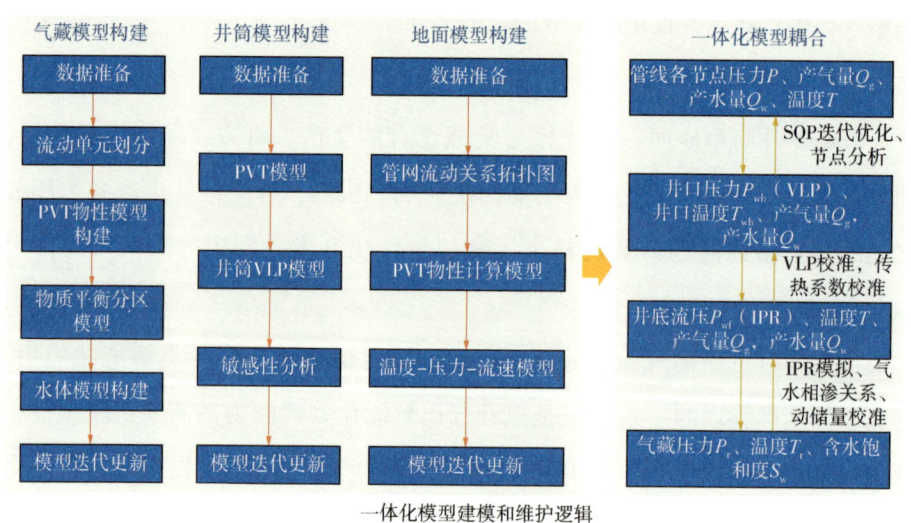

图 3-4-2　气藏—井筒—地面一体化模型构建过程

气藏—井筒—地面一体化模型包括的功能模块如图 3-4-3 所示。

(1)气藏模型构建。

铁山坡气田的气藏模型由 MBAL 软件的储层物质平衡模型进行搭建。MBAL 储层物质平衡模型从气藏的基本地质特征出发,结合开发过程中气藏压力的变化及生产历史数据,通过解析法和图解法两种方法来评价气藏的动态储量、边水的能量、边水入侵动态等,是后续动态分析和一体化研究工作

第三章 特高含硫智能气田建设方案

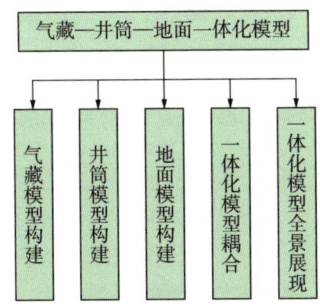

图 3-4-3　气藏—井筒—地面一体化模型功能模块结构图

的基础。

搭建铁山坡 6 口井的物质平衡模型时考虑邻近大湾、毛坝两个井区的开发情况，将这两个井区进行简化处理，将其视作两个独立的物质平衡单元，通过压力和产量的拟合，模拟出 2 个单元的生产动态，并将其融入铁山坡物质平衡模型，使整个气藏模型更加符合真实情况。

MBAL 软件依据物质平衡原理，考虑了气体膨胀、岩石压缩及水侵等因素，可对气藏动态开展精细的分析（图 3-4-4）。

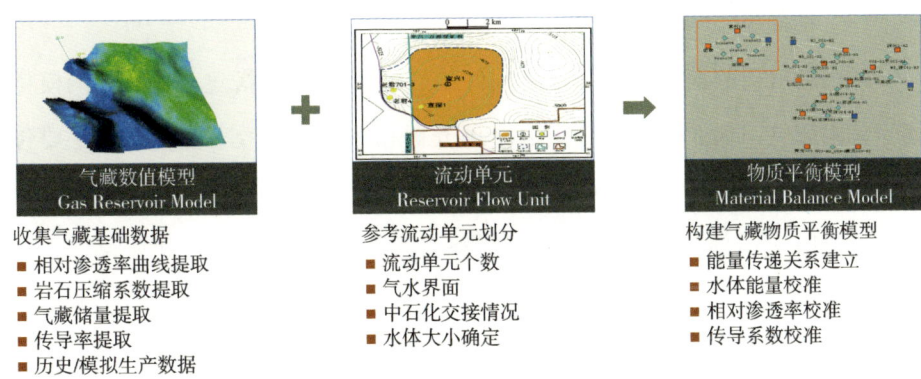

图 3-4-4　MBAL 储层动态特征模拟流程

（2）井筒模型构建。

采用 IPM 软件中的 PROSPER 模块建立单井生产动态特征模型（图 3-4-5），用于计算气井临界生产条件，确定气井生产能力。所需静态数据资料主要包

— 67 —

括管柱数据、井轨迹数据、PVT数据、气藏压力温度数据等，动态生产数据包括单井日报、历年流温流压测试、测压数据、产能试井数据等。井筒模型的构建包含井信息、设备参数、高压流体物性、多相管流、流入动态、节点分析6部分，依次完成各个部分的数据采集和管线关联，最后基于实测的IPR及压力剖面数据进行矫正。

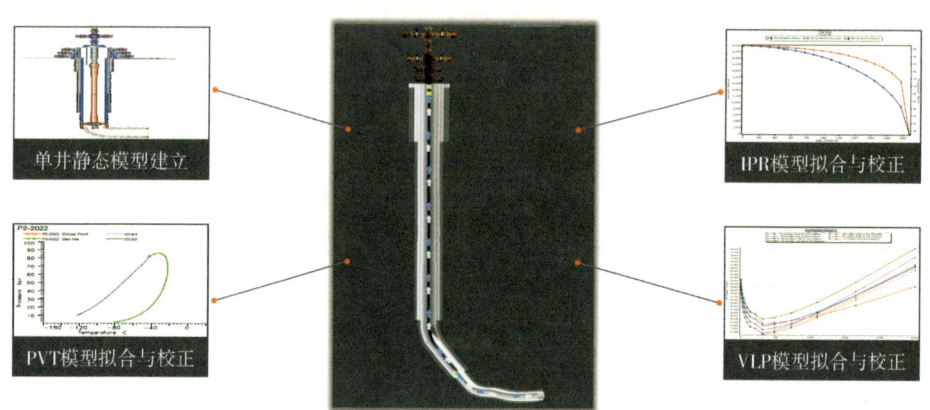

图3-4-5　单井生产动态特征模型

（3）地面模型构建。

铁山坡气田的地面模型由IPM软件的GAP模块进行搭建，地面管网模型用于铁山坡气田地面生产系统集输瓶颈分析和生产设备效率优化等，主要包括节点（井点、站点等）、管线（井点到管汇、管汇到集气站等）及设备（分离器、吸收塔等）的全系统流动关系拓扑图建立；流体PVT物性计算模型、压力计算模型、温度计算模型的建立；地面管网模型校正及更新（基于实测数据进行管网模型校正，并随着管网运行工况不断变化进行模型更新，以保证模型的实时和有效性）。

管网模型建立需要的初始参数主要包括井点、管线、设备参数等，如各单井的动态数据，管线内径、长度、高程参数，管线伴热和保温参数，集输站的进站压力参数等。管网模型建立的整体思路是从入口开始，根据微元段步长沿管线逐步迭代,如果遇到管汇,则先求出管汇的各条管线参数,进行汇总处理之后,再继续向下游迭代,直到出口。

在具体计算流程中,首先进行管线的流量、温度分布计算,以各单井为起点、以集输站为终点,压力计算过程中会调用流体物性模型和多相水平管流算法。

地面管网模型的核心在于将地面管网结构及管网中流动的真实情况反映到实际模型的构建中去,并与对应的气藏、井筒模型关联,由此完成地下—井筒—地面的参数传递与一体化模拟运算,对系统运行情况进行模拟分析,预测影响结果,提供处置方案,为系统调节提供决策依据。

地面管网模型建立流程如图3-4-6所示。

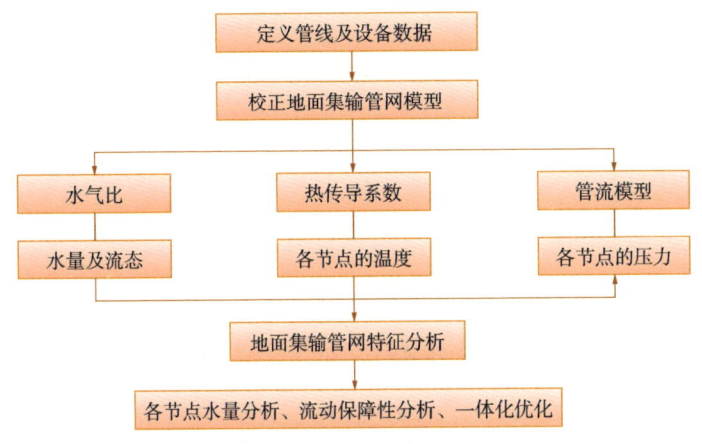

图3-4-6 地面管网模型建立流程

(4)一体化模型耦合。

综合对比分析气藏、集输、井筒等各类软件的功能、与一体化平台兼容性、软件扩展能力及版权等,优选出井筒管流类软件为PROSPER,数值模拟类软件为CMG或Eclipse,地面集输类软件为GAP,气藏物质平衡软件为MBAL,基于一体化优化平台集成工具建成MBAL-PROSPER-GAP一体化耦合模型(图3-4-7)。

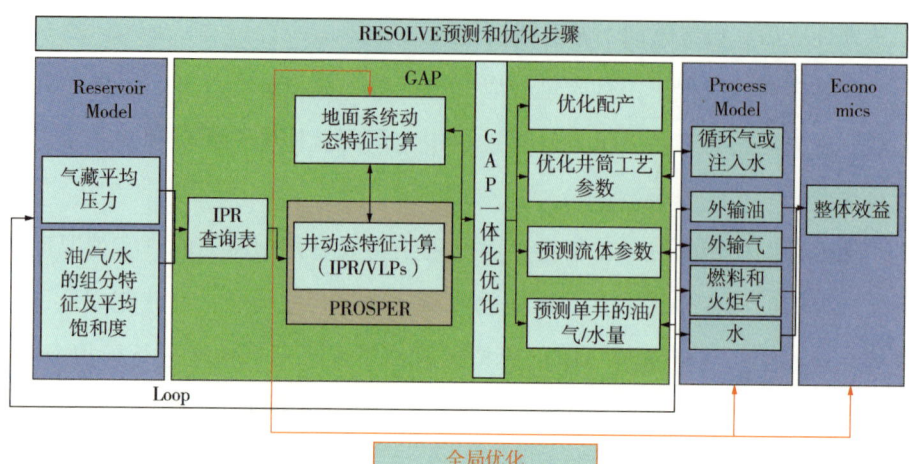

图 3-4-7　一体化模型耦合过程图

全系统耦合的气田一体化模型具备数据流转的能力，因而能从气田开发全局的角度，准确评估系统产能，研究气藏开发技术界限、生产制约因素及瓶颈、自动优化配产、方案跟踪、预警、应急处理等。气藏储层动态信息传递到井筒，井筒通过 IPR 及 VLP 交会分析形成单井动态特征，再传递到地面集输系统。由于集输系统的井间干扰会对单井动态特征产生影响，这些综合的信息反映到 GAP，GAP 根据效益或者目标产气量等指标进行一体化优化计算，计算结果再次传导给气藏模型，如此自动进行循环迭代，无须人工干预。这种一体化模型耦合技术实现了模型中数据的自由抓取和实时传递，保障了一体化模拟和优化的顺利开展。

（5）一体化模型全景展现。

基于 Web GL 技术，360°呈现气藏—井筒—地面三维一体化仿真模型，全景展示从地下到地面的流体流动状态，同时也是串联各应用场景的门户（图 3-4-8）。

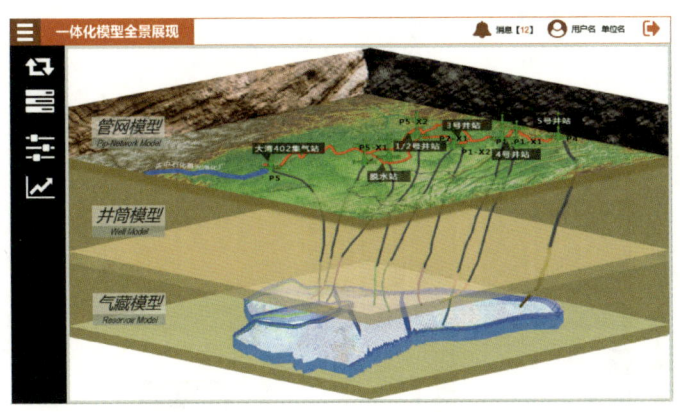

图3-4-8 一体化模型全景展现原型界面

2. 智能跟踪与诊断

智能跟踪与诊断工作流以一体化模型为基础,充分利用构造、地质、气藏、井筒、地面等模型,以及井筒成果、生产历史等数据,通过仿真分析模型参数与真实生产系统对比跟踪,实现数据与模型双向沟通,根据气藏、井筒、地面敏感性分析结果确立阈值并启动诊断机制,如此反复循环运转,不断调整优化,确保模型与气田生命周期各个环节的真实状态保持一致,实现气藏、井筒、地面的异常工况诊断、高效排查和锁定生产系统中发生的问题,综合判定气田面临的生产瓶颈,从而制定合理的应对措施。

智能跟踪与诊断工作流运行过程如图3-4-9所示。

智能跟踪与诊断工作流包括的功能模块如图3-4-10所示。

(1) 跟踪诊断总况。

在GIS地图上展示铁山坡气田范围内的单井、管线、井站的空间分布位置,并以高亮闪烁的形式展示异常工况发生部位,便于业务人员从整体上掌握各个生产节点的状态。

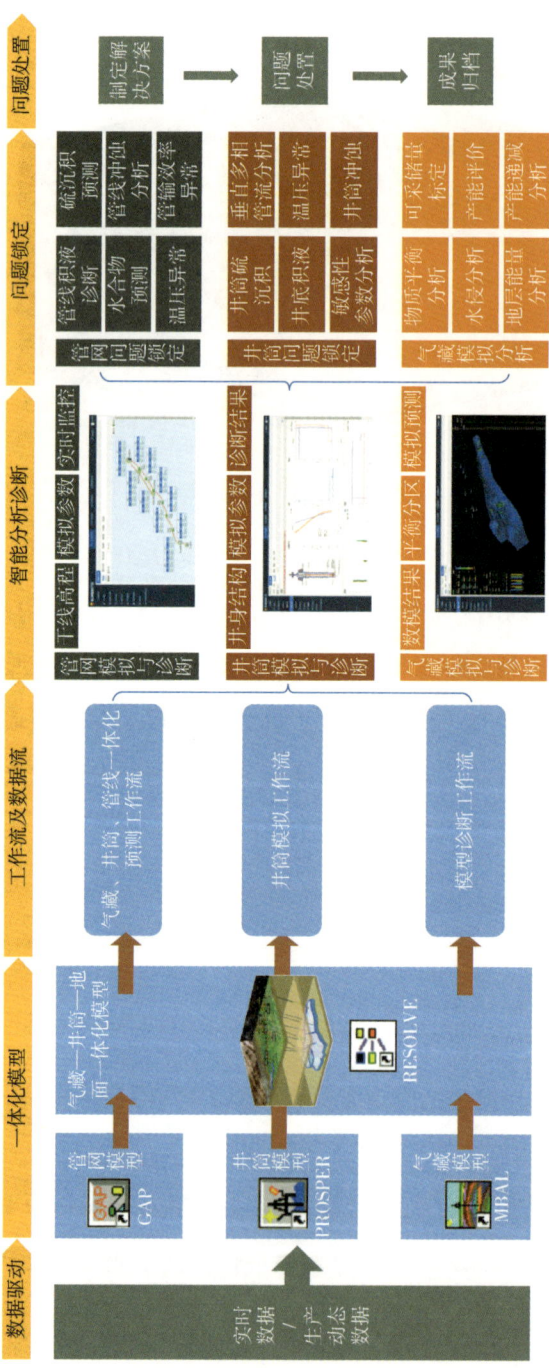

图3-4-9 智能跟踪与诊断工作流运行过程

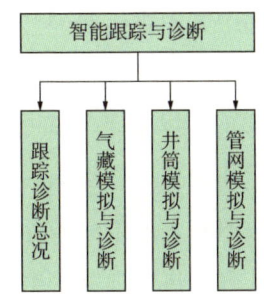

图 3-4-10　智能跟踪与诊断工作流功能模块结构图

（2）气藏模拟与分析。

基于气藏多元物质平衡模型对气藏生产进行模拟分析，便于气藏工程师全面评估气藏地质储量、渗流特性、水体能量和气井产能，并对气藏整体采收率、地层压力的变化趋势、气藏生产开发动态规律进行更深入的分析，为后续开发生产管理进行辅助决策。

（3）井筒模拟与诊断。

基于井筒模型计算输出的 IPR 和 VLP 动态变化曲线，通过设置不同的地层压力参数，模拟地层压力衰减后单井产量的变化情况，预测气井可能出现的生产问题（临界携液、冲蚀），保障气井安全高效生产。

（4）管网模拟与诊断。

基于管网模型对管网生产进行模拟分析，便于工程师全面评估管线流体物性、多相管流特征，并根据管线模拟分析结果，包括进站参数（压力、温度、流量）、出站参数（压力、温度、流量）、管线含水率等关键指标变化来对地面管网集输动态规律进行深入分析，动态评估管网运行安全性、稳定性，并指导合理规划气田生产。

3. 自动优化配产

自动优化配产工作流基于业务需求，利用 IPM 软件产量预测功能设计不同的配产方式，提供给业务人员优选的配产方案；针对不同方案下井筒、管线、处理设备等生产节点可能出现的生产瓶颈和风险进行预测，指导业务人员合理配产。

自动优化配产工作流实现了前段方案配置与后端 IPM 模型运行的联动，用户在前端进行目标产量配置和约束条件定义后运行配产工作流，并将这些定义值写入 IPM 模型，IPM 按照写入的限制条件运行，从而得到科学合理的配产方案。另外，用户可以从气藏压力递减、采出程度、气藏出水情况，以及可能出现的风险等多角度对配产方案进行比较评估和优选。

自动优化配产工作流功能模块如图 3-4-11 所示。

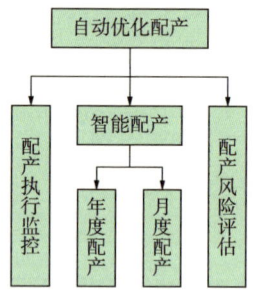

图 3-4-11　自动优化配产工作流功能模块结构图

（1）配产执行监控。

具有气藏和单井产量完成指标展示、单井超欠产 GIS 地图、配产方案跟踪和气藏压力变化跟踪功能，方便开发人员从整体上监控年度和月度配产完成进度，为下一步调整提供参考。

（2）智能配产。

充分考虑生产节点的限制条件，通过模拟预测不同配产方案下生产指标的变化情况，辅助业务人员进行配产方案优选。

（3）配产风险评估。

配产风险评估模块针对以往配产忽略了井筒和地面的限制条件，对不同的配产方案进行对比和风险评估，包括流动保障风险和设施设备运行的压力和流速风险。配产业务人员在前端页面输入配产方案，驱动后台的一体化模型，模型自动模拟出不同配产方案下可能会出现的流动保障问题和集输瓶颈，使制定出的配产方案更加合理。

4. 井筒可视化

通过三维井筒可视化模型和建井成果资料管理，建立透明化的井筒档案，全面展示单井井筒模型的基础信息、模型和指标参数等，为设计、施工、优化、评价、管控、协同和监督等业务提供数据快速获取服务，实现成果数据可以跨组织跨专业继承和共享，辅助井筒完整性风险、环空带压和生产异常等问题的追踪。在建立的气井三维模型上接入气井实时监测数据，建立气井报警、预警、故障诊断机制，指导对生产流程和生产参数进行调节与控制，保证气井安全生产。

井筒可视化包括的功能模块如图 3-4-12 所示。

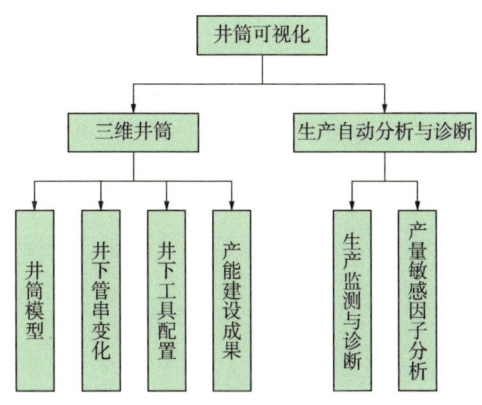

图 3-4-12　井筒可视化功能模块结构图

（1）三维井筒。

根据钻完井工程数据(结构和非结构数据)，应用数字孪生技术自动建立集井眼轨迹、水平及垂直投影图、井身结构、完井管串及生产管串等于一体的三维可视化井筒，快速查询井眼形状、油套管数据和地层情况等重要信息；

同时对钻完井过程的成果资料进行统一管理，建立透明化井筒档案，实现用户通过三维井筒模型快速掌握井关键信息，获取相关资料报告。

井筒模型：展示井的套管、水泥环、地层的三维模型，以及二维井眼轨迹视图，模型具备自定义配置属性功能，设置有快捷视图键，方便查看井筒信息、井下复杂情况，以及观察轨迹在储层穿行情况，并对单井各生产阶段的设计、施工、成果资料进行综合管理，实现方便快捷的井资料查询下载。

井下管串变化：展示不同作业阶段的 3D 井下管串模型，包括示意图和真实效果图。页面集成展示铁山坡 6 口新井及 4 口封堵井的井口装置、井身结构、井下管串组合、井下工具三维模型，通过示意图可进行井下工具仿真实模型及规格信息的查询。真实比例图对井下管串结构进行全景展示，方便锁定工具具体位置，掌握工具信息，以辅助管串结构的优化；同时随井深展示 CBL 测井曲线，根据色系直观评价井段固井质量，辅助对引起井筒风险的因素进行跟踪。

井下工具配置：建立和管理铁山坡井下工具库，配置井的各作业阶段井下管串组合，实现井下工具数据的继承和共享，辅助井下管串组合的管理和优化。

产能建设成果：对单井各生产阶段的设计、施工、成果资料进行综合管理，实现方便快捷查询和下载单井钻井、录井、测井、完井、压裂酸化、试气等过程的设计、施工及成果的数据体、文档等。

（2）生产自动分析与诊断。

实现快速开展产能计算和预测、气井生产问题分析（临界携液、冲蚀、水合物诊断、积液分析）、气井优化配产、气井生产制度优化（油嘴、工艺设备参数），保障气井高效生产，整体提升气井生产管理水平。

生产监测与诊断：以曲线显示 IPR 和 VLP 曲线变化情况，计算协调点，通过接入单井生产数据观察实际与协调点的偏差情况。

产量敏感因子分析：通过对影响单井产量的温度、地层压力和油管尺寸的分析，辅助单井调产，以匹配生产过程地层压力衰减情况，优选油管尺寸，确定合理的气井产量，提高生产效益。

5. 开发储量管理

开发储量管理以自然资源部储量动态管理办法为基础，包括开发储量数据库和储量数据综合应用功能，实现铁山坡气田开发储量的综合管理。

开发储量管理包括的功能模块如图 3-4-13 所示。

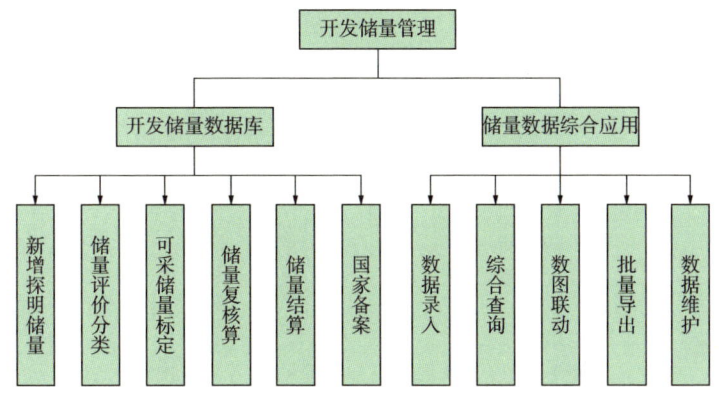

图 3-4-13　开发储量管理功能模块结构图

（1）开发储量数据库。

以探明储量为核心，建设新增探明储量、可采储量标定、储量复(核)算、结算、国家备案数据，储量评价分类数据入库，支持油气田、储量单元、层位、开发状态、油气藏类型、储量类型、上报年度等数据管理。

（2）储量数据综合应用。

以入库数据为主，分为探明储量与可采储量标定，进行已入库数据的筛选、查询、搜索与下载。累计表主要是生成年度累计数据综合应用，选择对应的储量单元、能源类型、统计年度、油气田等相关信息查询已入库数据的搜索、筛选、下载、重置操作。可采储量标定分为新区和老区数据表，提供按照能源类型、统计年度、油气田、区块进行筛选及储量数据批量导出等综合应用。

6. 气田开发知识库

借鉴西南油气田公司气田开发地下大调查实施方案和成果，在铁山坡气田范围内建立一个涵盖已开发气田潜力、气井综合生产能力、气藏方案执行及效果和老井措施潜力等内容的气田开发知识库。

气田开发知识库包括的功能模块如图 3-4-14 所示。

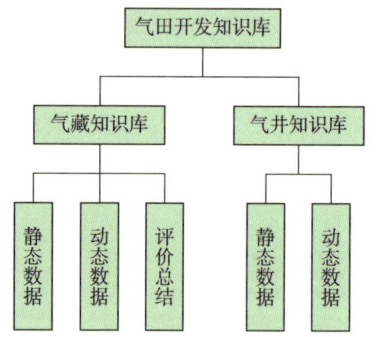

图 3-4-14　气田开发知识库功能模块结构图

（1）气藏知识库。

以气藏作为最小实体单元，管理气藏基本信息、气藏概况、开发方案、构造特征、地层及沉积相、储层特征、气藏工程特征、生产动态特征、地层压力特征等 18 类动、静态数据，同时汇总上年度气藏开发评价、总结及本年度工作安排，为气藏的持续开发提供基础资料。

（2）气井知识库。

以气井作为最小实体单元，管理单井基本信息、井位部署、钻完井、分析化验、测井、生产动态、动态监测、采气井设备、采气工艺、井下作业、井完整性和地面工程 12 类数据，并按照开发单元和单井特征对业务数据进行查询和管理。

第三章 特高含硫智能气田建设方案

二、开发生产智能管理场景

开发生产智能管理以实现气藏最佳生产状态、降低单位生产成本为主要目标，基于气藏—井筒—地面一体化模型及智能诊断跟踪、自动优化配产、水合物预测、硫沉积预测和段塞流预测等智能工作流的成果，实现全面掌握生产现场动态、预测变化趋势、持续优化气田管理，支撑气田科学、高效生产。

1. 生产运行可视化

在川东北气矿电子沙盘建设成果的基础上，借鉴西南油气田公司生产运行指挥系统的设计理念，全方位、多角度可视化展示铁山坡气田生产运行情况，为生产和管理部门了解生产动态、指挥生产提供准确及时的生产信息，确保井站、站场、管道等生产场所与设施的平稳运行，实现生产运行全业务实时化与可视化管理，提升管理水平与指挥决策能力。

生产运行可视化包括的功能模块如图3-4-15所示。

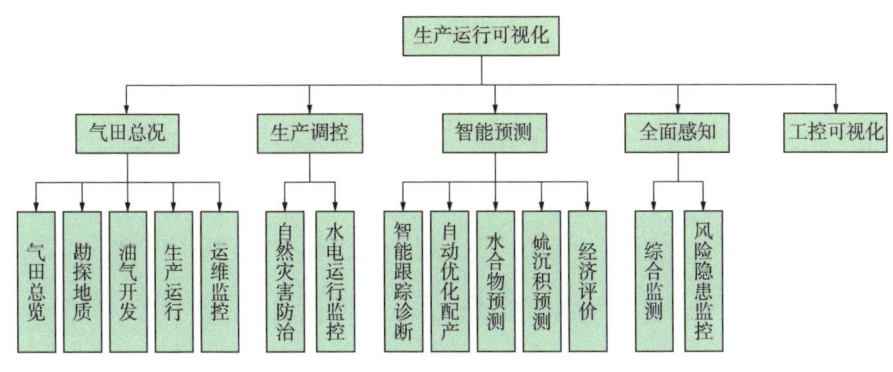

图3-4-15 生产运行可视化功能模块结构图

（1）气田总况。

集成A4基础地理数据、钻井实时数据、生产实时数据等数据资源，整合铁山坡气田资源储量(勘探地质)、油气开发、生产运行及运维监控指标数据，基于二维 GIS 地图汇总展示铁山坡气田重点指标。

(2) 生产调控。

集成气矿业务共享系统、生产数据平台等系统的生产总览、每日产量生产数据、单井产量历史趋势、脱水装置、气田水情况与交接计量、自然灾害防治、水电运行监控等信息，基于 A4 平台地图成果，叠加生产井、站场、管线等空间数据制作生产运行专题图，分类展示铁山坡气田生产运行汇总指标。

(3) 智能预测。

基于一体化模型、井筒可视化、经济评价等智能分析数据成果，基于 A4 平台，叠加二维地图和三维地球等基础地图成果，制作智能预测专题图。通过汇总数据、统计图表等方式，分类展示铁山坡气田智能跟踪诊断、硫沉积、管网效率、自动优化配产等指标，实现智能预测的实时展示，点击指标可跳转对应模块查看详情及数据管理。

(4) 全面感知。

集成生产智能巡检管理系统、大数据趋势预警管理等铁山坡气田所有监测预警系统，接入站场扩音、火灾报警、社区报警、次声波、光纤等多种生产要素的风险监控与趋势预警数据，按不同时间周期、不同类别分级展示预警情况统计分析情况。点击统计图查询报警事件详情与处置结果，同时接入现场生产视频，实现在地图上的实时查看。

① 综合监测：整合光纤振动预警、次声波泄漏监测、地灾监测等监测系统预警信息，搭建智能感知预警处置，实现不同厂商、不同种类、不同批次监测设备统一集中管理，相关预警信息自动形成工单推送给基层人员进行在线处置，通过实现一网接入、一网监测、一网联动，实现管道综合风险预警处置。

② 风险隐患监控：集成川东北气矿业务共享平台的高后果区、第三方

施工、问题隐患、风险评价、地灾敏感点信息等数据资源,基于A4平台,叠加二维地图和三维地球等基础地图成果,整合铁山坡气田建设采集的周边人居、特定场所等空间数据,制作风险隐患专题图。通过汇总数据、统计图表等方式,分类展示铁山坡区域高后果区、问题隐患和风险评价等汇总信息指标,通过图层控制、快捷查询、详情等功能,实现风险隐患指标的监控。

(5)工控可视化。

基于SCADA、DCS等生产实时数据和工艺流程,通过组态图实时数据点位与三维模型的关联及接入预警分析系统的实时数据,自动分析计算阈值,在三维场景中实现预警信息的综合展示,包括二次组态(图3-4-16)、站场三维模型工艺可视化(图3-4-17)、阀室三维模型工艺可视化、组态图和三维模型联动分析综合展示。

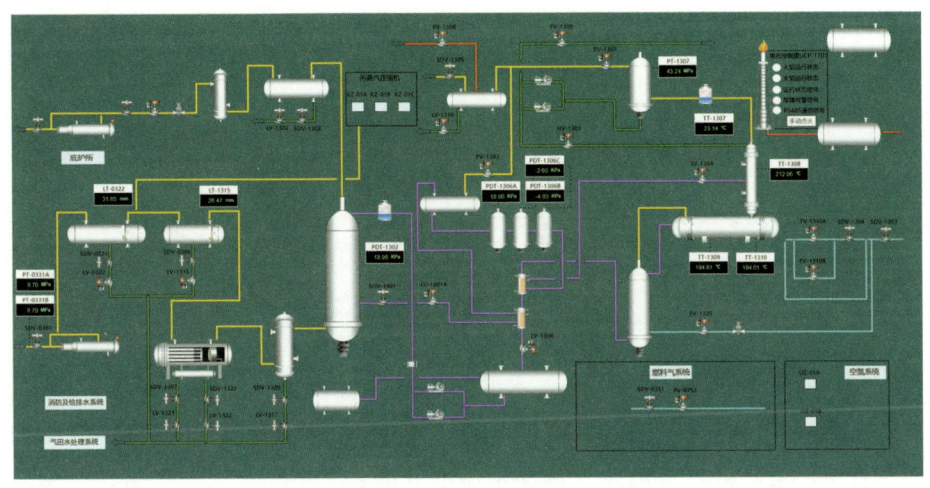

图3-4-16 二次组态原型设计

2. 井筒完整性管理

集成西南油气田井完整性管理与评价系统,查询铁山坡气田单井的完整性等级、泄漏风险概况,以及环空压力风险,通过详细评价报告对问题进行

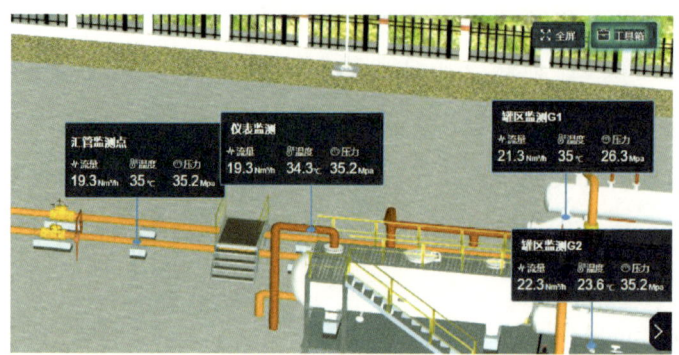

图 3-4-17　站场三维模型工艺可视化原型设计

追踪，制定解决方案，进行问题处理。针对井完整性等级和泄漏风险等级在 GIS 地图上以不同等级色系展示，并统计等级概况，帮助用户进行跟踪和监测，同时可通过井号查询和下载某口单井的详细评价报告。

井筒完整性管理包括的功能模块如图 3-4-18 所示。

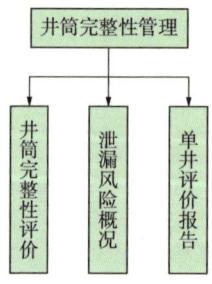

图 3-4-18　井筒完整性管理功能模块结构图

（1）井筒完整性评价。

包括完整性概况、单井完整性卡片、环空压力监测等功能，展示铁山坡气田各井的完整性评价等级；自动生成单井卡片，包括各环空压力控制图版和详细风险评价信息，支持大屏展示和下载。

（2）泄漏风险概况。

展示铁山坡气田的泄漏风险等级统计情况，帮助用户进行监测和跟踪，并提供完整性评价报告。

（3）单井评价报告。

通过井号查询和下载单井的详细评价报告。

3. 站场完整性管理

以站场三维模型为载体，将站场静态数据及动态数据在三维站场上与设备一一对应、挂接，形成站场数字孪生的基础，并集成站场的风险评价、监测检测评价、维修维护，以及效能评价数据，构建了站场完整性从数据管理、数据可视化到数据分析一体化管控系统。

站场完整性管理包括的功能模块如图 3-4-19 所示。

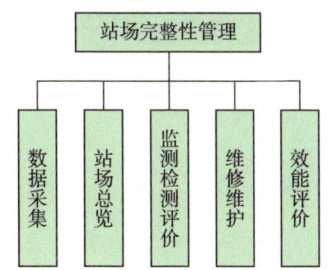

图 3-4-19　站场完整性管理功能模块结构图

（1）数据采集。

通过对接设备综合管理系统、视频监控系统、生产数据实时监控平台等信息化平台，展示站场的基础信息、站内设备信息、组分分析信息。

（2）站场总览。

动态展示设备分类、风险评价、腐蚀监测、维护计划、维修趋势和失效情况等指标（图 3-4-20）。

（3）监测检测评价。

集成展示各类监检测信息，统计特种设备安全等级、设备无损检测超标情况及详细信息、站内腐蚀监测次数及腐蚀速率，实时查看动设备在线监测情况、仪器仪表调试结果、设备设施调试记录，支持通过图表、数据表在三维场景中快速定位风险位置。

图 3-4-20　站场完整性管理可视化原型设计

（4）维修维护。

根据风险评价和监测检测评价的周期性要求，进行到期预警提醒，同时汇总监检测超标结果，风险评价中、高风险项，生成维修维护计划，打通与作业区数字化操作平台的对接，实现站场维修维护计划智能化提醒、任务工单自动下达、结果反馈闭环管理，确保站场运行本质安全。

（5）效能评价。

以站场为单位统计每次完整性管理活动前后站内设备失效数量、失效次数的对比情况，分析站场完整性管理活动前后失效率变化情况，统计完整性管理活动前后站内设备维修及升级改造费用情况，总结、积累完整性管理经验。

4. 管道完整性管理

根据《中国石油天然气股份有限公司气田管道完整性管理手册》，按照管道完整性管理"五步循环法"，包括管道数据采集、高后果区识别及风险评价、检测评价、维修维护和效能评价的关联分析，实现管道完整性综合管理。

管道完整性管理包括的功能模块如图 3-4-21 所示。

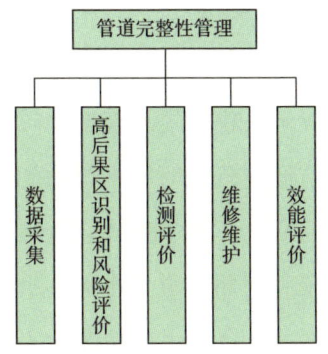

图 3-4-21　管道完整性管理功能模块结构图

（1）管道数据采集。

展示管道基本信息、管道设施、实时监测数据、运行数据、巡线数据，以大屏可视化的方式渲染管线空间走向、起始站场的运行信息，通过列表和地图复合展示管线及附属设施，支持列表快速定位。

（2）高后果区识别及风险评价。

根据最新的高后果区识别结果，以卡片的方式汇总高后果区的段数及公里数，以柱状图直观展示历史汇总结果和变化趋势；通过列表和地图复合的方式展示高后果区和风险评价的信息，支持列表快速定位。

（3）检测评价。

包括管道内检测、内腐蚀直接评价、压力试验、外腐蚀直接评价、阴保测试等信息，实现将原来的纸质、电子档成果进行数字化管理、空间化呈现，并有效辅助巡线监测及维修维护。

（4）维修维护。

查看绝缘层修复、本体缺陷修复、管线更换情况等数据。

（5）效能评价。

查看管道失效数据、完整性管理方案数据、完整性管理规划数据、完整性管理内审数据。

5. 水合物预测

天然气中所含的甲烷、乙烷、丙烷、硫化氢及二氧化碳等成分，均有可能与自由水发生作用，形成水合物。较高含量的硫化氢会导致水合物生成边界扩大，尤其是在秋冬季节温度较低时，水合物的出现频率更高。水合物的生成过程是不可逆的，一旦形成，其节流效应会进一步加速后续水合物的生成，这对高含硫气田的开发和利用造成了影响。水合物预测通过构建气藏—井筒—地面一体化模型，预警水合物生成情况，实现相关科室对井筒管网安全的把控，辅助气田开发管理人员对井筒及地面管网的水合物风险进行研判。该工作流可以分为在线预测和离线预测两种方式。

针对含硫气田开发中水合物生成规律乱、预测难、防治效果差等难题，通过与西南石油大学合作研发，在明确特高含硫气藏天然气水合物生成条件和生长规律、揭示水合物与硫单质耦合作用机制及硫沉积环境下的流体动力学规律的基础上，建立了复杂湿气流动条件下特高含硫天然气水合物生成预测方法，实现铁山坡气田水合物形成风险评估和实时预测。

水合物预测包括的功能模块如图 3-4-22 所示。

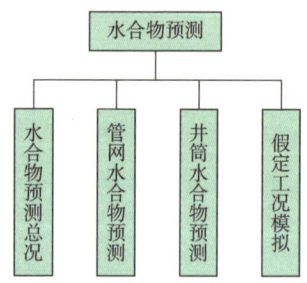

图 3-4-22　水合物预测功能模块结构图

（1）水合物预测总况。

在 GIS 地图上展示铁山坡气田范围内的单井、管线、井站的空间分布位置，并以高亮闪烁的形式展示异常工况发生部位，同时辅助浮窗查看总体生产情况。

（2）管网水合物预测。

以工艺流程图的形式展示气田的整体管网图、井站管网图，同时在关键节点上标注仪表的温度、压力、流量等模拟分析结果，有水合物预警则管线高亮闪烁。

（3）井筒水合物预测。

获取井筒过程分析数据，显示温度、压力、持液率、流速、产气量、水合物生成等指标曲线，辅助业务人员进行井筒水合物问题分析；以列表的形式展示和管理气田管线历次水合物报警的结果，给出初步建议。

（4）假定工况模拟。

对影响水合物生成的产量、压力、环境温度等参数进行敏感性分析，确定水合物生成临界条件，分析不同方案下水合物生成情况，辅助进行生产参数和生产措施调整，避免或者减少水合物的生成。

6. 硫沉积预测

铁山坡气田属于特高含硫酸性气藏，元素硫含量达 $0.003g/m^3$，按照当前的产量计算，相当于每天会有 12kg 的硫黄沉积到管线当中，日积月累会造成管线堵塞和产能损失。硫沉积预测通过硫沉积模型计算宏观硫沉积量，集成西南油气田天然气研究院（以下简称"天研院"）硫沉积预测系统，辅助制定对硫沉积治理的措施，减少或者避免硫沉积的出现。

针对硫沉积机理不清，时机、位置不明，伤害程度难定量的问题，与西南石油大学合作研发，创建了特高含硫气藏全流程硫析出预测模型：基于气—液—固三相相平衡数值模型理论，采用分子模拟技术，揭示硫沉积动态平衡机理，获得含硫流体多元图和不同含硫组分中的溶解度计算模型；基于真实岩样扫描识别建立地层硫沉积动态运移仿真模型，构建地层硫沉积数学模型，揭示地层硫沉积的形成机理，形成基于四维试井理论的地层硫沉积动态识别技术;建立特高含硫井筒温度压力场分布模型和管柱硫吸附的定量评价技术,明确井筒硫沉积的形成机理,形成井筒硫沉积位置预测技术;建立川东北铁山坡气田全站场关键地面设备仿真模拟模型,明确硫沉积的运移规律,预测地面硫沉积的关键位置,优化现有溶硫剂加注方案;建立特高含硫气田气藏—井筒—地面一体化仿真模拟模型,实现铁山坡气田硫沉积形成风险评估和硫沉积实时预测,破解了硫沉积预测这个世界性难题。

硫沉积预测包括的功能模块如图 3-4-23 所示。

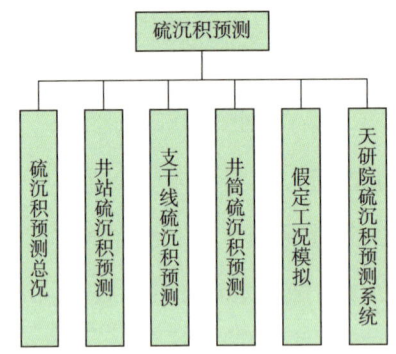

图 3-4-23 硫沉积预测功能模块结构图

(1)硫沉积预测总况。

在 GIS 地图上展示铁山坡气田井筒和管网的分布情况,并以高亮闪烁的方式对当前预警情况进行展示,通过两侧浮窗简要列明井或管线形成硫沉积的情况。

(2)井站硫沉积预测。

通过切换井站内不同的管网,查询宏观沉积情况和预警管线所在位置;通过管网沿程温度、压力、流速等参数剖面,预测管网硫沉积,并对沿程硫沉积进行预警。

(3)支干线硫沉积预测。

通过切换支干线不同的管网,查询宏观沉积情况和预警管线所在位置;

通过管网沿程温度、压力、流速等参数剖面，预测管网硫沉积，并对沿程硫沉积进行预警。

（4）井筒硫沉积预测。

通过井筒沿程温度、压力、流速等参数剖面，预测井筒硫沉积，通过管网沿程温度、压力、流速等参数剖面，预测管网硫沉积，并对单井硫沉积进行预警。

（5）假定工况模拟。

对影响硫沉积的重要参数预设不同值，分析不同方案下硫沉积情况，辅助业务人员进行生产措施决策。

（6）天研院硫沉积预测系统。

利用西南油气田天然气研究院自研的溶解度半经验公式，计算单质硫在不同温压条件、不同天然气组分下的溶解度值；在流程示意图上查看各工段硫沉积预警情况，初步掌握各工段硫沉积宏观沉积量，并获取各井推荐最低日产气量。

7. 段塞流预测

铁山坡气田地表地形起伏大，使得地面油气开采和运输过程中不可避免地会出现段塞流。段塞流的产生容易引起管路中流体不稳定流动、断流或分离器溢罐风险。出现严重段塞流时，会引起管线中含气率和压降急剧波动，离开管线末端的大液塞会引起下游处理设备液位剧烈波动，对阀门和仪器等进行冲击造成损坏，甚至降低气井产量。段塞流预测通过构建地面管线物理模型，预警管线段塞流生成情况及特性参数变化，辅助业务人员对段塞流风险进行预判，为下游段塞流捕集器运行调整和生产决策提供依据，保障系统安全运行。

段塞流预测包括的功能模块如图 3-4-24 所示。

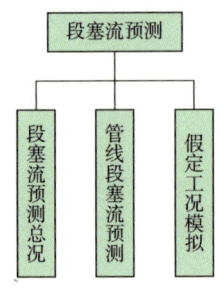

图 3-4-24　段塞流预测功能模块结构图

（1）段塞流预测总况。

在 GIS 地图上展示铁山坡气田单井、管线和管网分布情况，以高亮闪烁的方式对当前的两条支线进行预警展示。

（2）管线段塞流预测。

分析 1 号井站到 2 号井站集气支线、2 号井站到脱水站集气支线沿程的温度、压力、持液率、平均段塞长度、平均气泡长度、平均段塞生成频率等，综合判断段塞流的位置及影响程度，输出管线沿程的压力剖面、温度剖面、段塞流形成剖面等曲线，同时监测捕集器运行动态，做出预警提示。

（3）假定工况模拟。

对影响段塞流生成的重要参数预设不同值，以当前的生产条件作为输入参数，通过模型参数设置、阶段产量设置、阀门动态设置来进行各种不同方案的段塞流预测。主要模拟气井开井和提产过程中段塞流的生成情况及捕集器的运行风险，辅助生产管理人员合理设定开井制度和提产计划，降低段塞流的影响。

8. 站场动态工艺模拟

站场动态工艺模拟通过模拟仿真技术提供辅助判断的模拟值，为站场运行参数偏离设定工况给出操作建议，并针对不同工况下的工艺运行参数进行优化分析，指导生产运行方案优化调整。

站场动态工艺模拟包括的功能模块如图 3-4-25 所示。

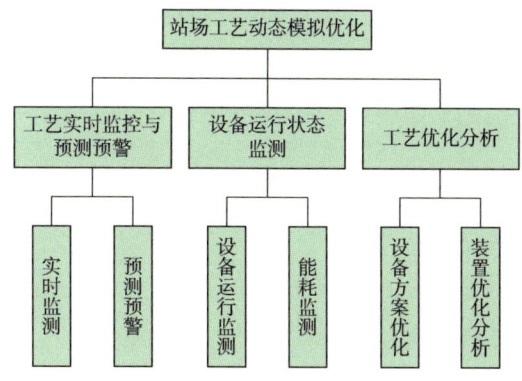

图 3-4-25　站场工艺动态模拟优化功能模块结构图

（1）工艺实时监控与预测预警。

工艺实时监测基于工艺动态仿真模型，采集现场关键实时数据，驱动模型实时计算并展示在可视化界面中，通过实时数据与仿真模拟数据对比，针对实际测量数据和模拟值的偏差进行提醒，针对出现的报警进行警报处理建议，辅助生产操作人员监控生产运行状态。预测预警功能要求在动态模拟系统基础上让模型加速运行，预测未来工况并提供自动预警功能，提醒操作员注意潜在的生产问题。当上游的生产波动传递到下游，生产工艺链一体化模拟模型能够提前捕捉上下游动态响应，预测传递反应的时间，预测对生产过程的影响。

（2）设备运行状态监测。

基于动态模拟仿真的机理模型和特定的设备功能模块，可以监测如动设备（泵、压缩机）、静设备（分离器、塔、储罐、换热器等）的生产运行参数及运行状态。通过分析设备运行状态，可以对设备状态进行针对性风险提示。

（3）工艺优化分析。

工艺优化分析模块基于动态机理模型，针对重点工艺流程及操作单元，对多操作方案进行模拟计算，实现工艺操作方案优化，同时也可以满足方案比选及可行性验证。优化模块以生产效益最高、运行成本最低、单位产品能耗最低作为优化指标，根据生产工艺特点设置工艺优化参数及约束条件，实现工艺生产优化，为生产操作提供建议和指导。

9. 开停井工况模拟

开停井工况模拟主要基于气藏—井筒—地面模型，模拟瞬态多相流流动过程，结合压力、温度等生产参数，预测井筒、站场和管线水合物生成，确保开停井过程安全顺利进行，支撑生产单位对一线生产进行安全管理，同时为科研院所进行方案优化和相关研究提供工具和方法。

开停井工况模拟包括的功能模块如图 3-4-26 所示。

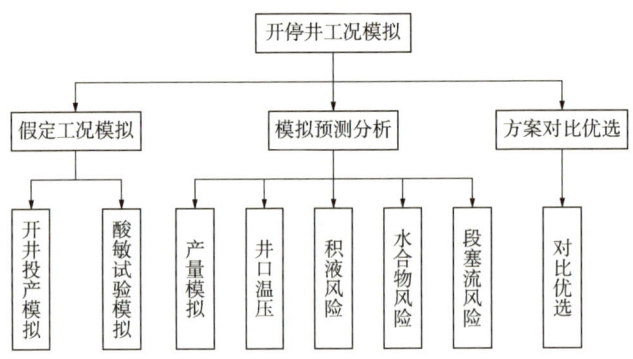

图 3-4-26　开停井工况模拟功能模块结构图

（1）假定工况模拟。

设置各种不同模型边界条件和参数模拟工况，同时根据用户需求定制特殊的工况类型，包括开井投产工况模拟和酸敏试验工况模拟。

（2）模拟预测分析。

通过驱动工况模拟数据流，模拟预测单井的阀门开度、井筒和管线沿程的产量、温度、压力、产水量变化、段塞流风险、积液风险、水合物风险等生产趋势和风险。

（3）方案对比优选。

多种模拟方案对比分析，选出最优方案。

10. 开停工工况模拟

开停工工况模拟包括开工方案和停工方案 2 个模块。

（1）开工方案。

基于脱水装置停车后开车操作卡开展工艺动态模拟，进行开工方案辅助编制及验证。

（2）停工方案。

基于脱水装置停车操作卡开展停车工艺动态模拟，进行停工方案辅助编制及验证。

三、安全环保智能管控场景

安全环保智能管控由应急指挥可视化和无人机巡检两部分构成，以提高生产现场的安全环保管控能力。

1. 应急指挥可视化

应急指挥可视化包括日常安全管理和事故应急处置两个方面。日常安全管理包含生产运行全面感知监测、应急数据管理及应急演练动态模拟等内容，通过风险隐患监控及智能设备预警感知功能实现事前的风险监控；通过应急数据管理实现应急预案、应急资源等管理；通过应急演练动态模拟提升桌面推演能力及处置能力。事故应急处置包含事件接警、应急响应、应急处置、事后分析等功能，实现对事故的应急处置。

应急指挥可视化以西南油气田应急管理系统为基础，复用已有的应急数据管理、应急响应、应急处置、移动气象站、CYHV 安全帽、安全帽控制系统采购、移动应用和协同指挥功能，集成川东北气矿业务共享平台的高后果区、第三方施工、问题隐患、风险评价、地灾敏感点信息等数据资源,结合川东北气矿应急指挥系统进行功能扩展,增强智能预警接入、应急部署智能规划、音视频指挥调度及应急演练动态模拟等功能,有效提升铁山坡气田风险监测、应急指挥管理和处置的水平和效率,助力应急指挥决策科学化。

应急指挥可视化包括的功能模块如图 3-4-27 所示。

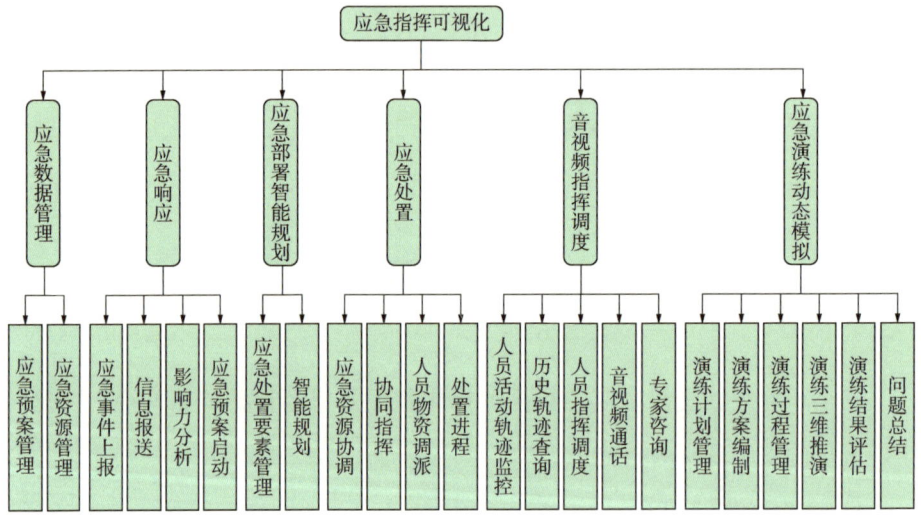

图 3-4-27　应急指挥管理功能模块结构图

(1) 应急数据管理。

包括应急预案管理和应急资源管理。应急预案管理包含预案方案管理、预案处置流程管理和预案自动触发配置;应急资源管理包含应急机构协作单位、消防机构、医疗机构、环境监测站、专家资源和应急知识库。

(2) 应急响应。

包括应急事件上报、信息报送、影响力分析和应急预案启动。

(3) 应急部署智能规划。

包括应急处置要素管理和智能规划。基于区域地形、道路、逃生路线、紧急集合点、喇叭点等数据，构建事件现场应急部署模型，根据管线泄漏的地理位置、泄漏强度、扩散半径，结合风向、风速等要素，动态模拟不同时间段的扩散影响范围，结合气象监测数据和环境监测数据，智能分析推荐的部署方案和撤离路线，实现应急部署的智能规划。

（4）应急处置。

包括应急资源协调、协同指挥、人员物资调派和处置进程。

（5）音视频指挥调度。

包括人员活动轨迹监控、历史轨迹查询、人员指挥调度、音视频通话和专家咨询。

（6）应急演练动态模拟。

按照应急演练要求，通过应急演练的全过程管理，辅助分析发现存在的问题，为进一步规范演练程序、针对性提高应急响应人员的业务素质和能力提供数据支撑。包括演练计划管理、演练方案编制、演练过程管理、演练三维推演、演练结果评估和问题总结。

2. 无人机巡检

在 1 号站场(3 号阀室)、5 号阀室部署一套无人机机库和覆盖 5km 范围内管线的无线通信网络，对铁山坡气田范围内井站和管线开展无人机远程控制巡检，使站场人员迅速、高效地开展巡检工作，及时发现外部存在的隐患，保障天然气管道安全平稳运行。

（1）组网设计。

为保障调控中心安全平稳地远控无人机，采用"一主一辅"组网模式。

主链路：无人机搭载 4G、5G、微波通信模块，利用运营商网络，将带宽不低于 1000M 网络接入机库系统。

辅链路：无人机搭载微波通信模块，利用微波中基站与停机坪进行通信，停机坪充当通信中继，通过 1000M 光纤接入服务器。用户端通过互联网访问服务器实现远控功能。

（2）无人机远程控制中心设计。

调度中心可通过无人机远程控制中心控制无人机起飞，下发航线任务。飞行过程中如果遇到紧急情况可以实时介入。该控制中心由硬件和软件两部分构成，硬件主要包括无人机设备、自动停机坪、气象站、微波基站、服务器；软件包括远程飞行控制系统、监控系统、大数据分析平台。

（3）无人机管道巡线功能设计。

① 调度中心可实现无人机在铁山坡气田集输管道、站场覆盖范围内的灵活控制，通过实时查看飞行轨迹、实时视频回传、异常报警情况等信息开展各类管道巡护工作。

② 实现对管道隐患的自动识别，包括对修路、建房、钻孔，以及第三方施工设备占压管道（如铲车、推土机、打夯机）等异常行为进行识别，以达到有效防止第三方破坏事件发生，并可搭载喊话器在指挥中心实时对正在进行第三方破坏及其他应急情况进行高空喊话及应急安排。

③ 利用无人机搭载高清摄像机拍摄管道左右 5~50m 范围内的地形地貌、社会环境情况的高清影像图，形成影像资料，影像资料中标注出管道位置，帮助业务部门了解管道周边环境变化情况，便于后期使用及周边环境变化对比。

④ 利用无人机巡线拍摄的影像资料导入电脑，通过测量管道与周边场镇和特定场所的距离，更加直观地开展高后果区识别工作，提高高后果区识别的准确性，同时也可通过周期性巡检对高后果区情况进行监控。

⑤ 所有飞行数据均存储在数据分析与展示平台中，定期提交无人机巡检总结报告，包括巡检所发现的问题明细、问题分布位置、问题实景图片及建议、问题排查对接情况清单等。

第三章 特高含硫智能气田建设方案

四、经营管理优化决策场景

经营管理优化决策根据生产经营管理与决策实际应用需求，综合展示生产数据和经济数据，开展生产经营活动的全过程跟踪和经济效益评价分析，揭示气田运营过程中存在的问题，挖掘气田内部潜力，改善经营管理，提高铁山坡气田的经济效益和综合管理水平，实现气田生产经营效益最优化。先期设置经济效益评价模块，建立可视化决策展示专题图，对内部各运营环节的信息进行及时、全面、直观、综合地掌控，及时发现问题并调整，支撑对气田经营管理的辅助决策。

综合钻完井投资、生产运行成本、天然气价格、税率、硫黄价格、气井产量及生产措施，滚动评价气田综合效益、建设期效益、运营期效益，实现经济效益的一体化分析，滚动指导方案调整，为生产计划规划提供决策支撑，基本实现项目、投资、成本、产量等一体化智能管控分析，基本实现新建规模气田全生命周期智能管理、生产经营全过程智能预测、精准优化；支撑用户对全生命周期项目的经济评价业务，实现项目前评价、跟踪评价、后评价，同时基于不确定性分析和敏感性分析的情景模拟、盈亏平衡分析等功能，评估项目可能承担的风险，考察项目的财务可靠性，提出项目风险预警、预报和相应的对策，为投资决策服务，打造气田的高效经营和精益生产新模式。

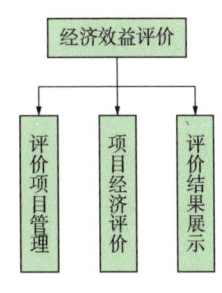

图 3-4-28　经济效益评价功能模块结构图

经济效益评价包括的功能模块如图 3-4-28 所示。

1. 评价项目管理

提供项目详细信息查询入口，对项目信息进行维护、查询和展示。项目信息包括项目名称、项目类型、项目编号、组织机构、项目启动时间、创建时间、创建人、备注等。

2. 项目经济评价

评价参数录入：基础参数表、税率参数表、成本费用表、价格产量表、建设期投资估算表和折旧方式数据。

评价算法模型：根据中国石油经济评价算法模型，对折旧系数、弃置成本、折旧分年、弃置成本折旧等评价参数进行摊销分年计算，支撑后续评价指标计算和综合分析。

评价指标计算：展示项目总投资使用计划、贷款偿还平衡表、总成本费用表等评价指标计算结果，用于评价结果输出，包括敏感性分析、盈亏平衡分析等。

3. 评价结果展示

盈亏平衡分析：通过计算项目达产年的盈亏平衡点（BEP），分析项目成本与收入（包括营业收入和补贴收入）的平衡关系，判断项目对产出品数量变化的适应能力和抗风险能力。

敏感性分析：敏感性分析表中不确定性因素为产量、销售价格、经营成本和后续投资四项，分析指标为内部收益率。其中敏感系数和变化率描述的是不确定性因素的变化幅度，默认范围为 0.8~1.2，每次变动最小幅度 5%；内部收益率及内部收益率变动率描述的是指标随不确定性因素变动的情况。

经济评价指标汇总：经济评价指标汇总主要是汇总输出经济评价指标，包括评价期、项目总投资、流动资金、税后财务内部收益率、税后财务净现值等，数据不可更改；年均营业收入、年均生产成本费用、年均营业税金及附加、年均利润总额、年均税后利润计算的是运营期的平均数据，静态投资回收期包含了建设期。

第五节 数据治理

一、数据治理目标和策略

1. 数据治理目标

按照中国石油勘探开发梦想云平台建设"两统一、一通用"的核心思想,遵照"有效性、统一性、开放性、安全性、价值化"的原则,整合建产期、运营期各类业务数据,开展数据集成与治理,形成标准统一的完整气田数据集,整体提升数据质量,进一步挖掘数据应用价值,为各应用场景提供统一的数据共享环境和应用集成环境。

2. 数据治理策略

依托西南油气田现有数据治理架构和体系建设成果,以铁山坡气田各业务应用模块数据需求为基础,制定相关各专业数据入湖和治理计划及方案,落实责任人和进度计划,在 EPDM 2.0 标准数据模型的基础上根据气田业务特点和实际数据需求进行分析和扩展,形成具有西南特高含硫智能气田业务特色的标准数据模型,并据此开展相关数据的治理入湖工作。

二、数据治理内容和范围

1. 数据治理内容

基于西南区域湖部署环境,铁山坡气田数据治理内容包括数据标准修订、数据治理与入湖、数据服务3部分工作，实现对铁山坡气田业务应用模块的数据支撑。

（1）数据标准修订。

在EPDM 2.0+数据模型架构基础上，以业务模型为依据，按照数据模型设计规范对数据表及数据项进行规范化设计。

（2）数据治理与入湖。

结合铁山坡气田应用模块的需求，根据业务数据分类进行数据源头分析，确保数据在统建系统及西南油气田自建系统中实现数据录入，保证质量且避免重复录入。打通业务系统到数据湖的数据集成与治理的数据流通道，并进行数据入湖。同时基于业务应用调用的数据服务，人工对迁移入库的数据进行检查，发现数据问题，并通过查阅井史资料及现场最终反馈的报告文档，结合EPDM标准模板，补充采集各应用所需数据并完成入湖。

（3）数据服务。

通过服务发布满足各业务子系统的应用。

2. 数据治理范围

数据治理的系统和数据范围如下：

（1）系统范围。

中国石油天然气集团公司统建：A1、A2、A4、A5等系统。

西南油气田自建：勘探生产管理平台、开发生产管理平台、营销管理平台、作业区数字化管理平台、管道管理平台、地面工程建设数字化管理移交平台、生产数据管理平台、生产运行管理平台、设备综合管理系统、主数据管理系统、分析化验数据管理系统等。

川东北气矿自建：业务共享平台、管道巡检系统、自控信息中心业务数据综合管理平台、铁山坡气田供电系统等。

(2)数据范围。

主数据:探井、开发井、管线、站场、处理厂、地层层序、构造或油气田、设备、项目、工区、组织机构11类基本实体。

业务数据:物探数据;钻井、录井、试油数据;测井数据;分析化验数据;油气开发数据;工程建设数据;油气销售数据;生产运行数据;空间地理数据;生产实时数据;设备综合数据;管道站场数据。

三、数据治理方案

以数据质量提升为核心目标,通过数据治理工具,并在内置质控规则的基础上进行扩展完善,按照数据治理的规范流程开展数据治理工作,快速发现异常数据,高效开展数据质量提升工作,确保数据规范性,提高气田数据资产整体质量,支持业务应用(图3-5-1)。

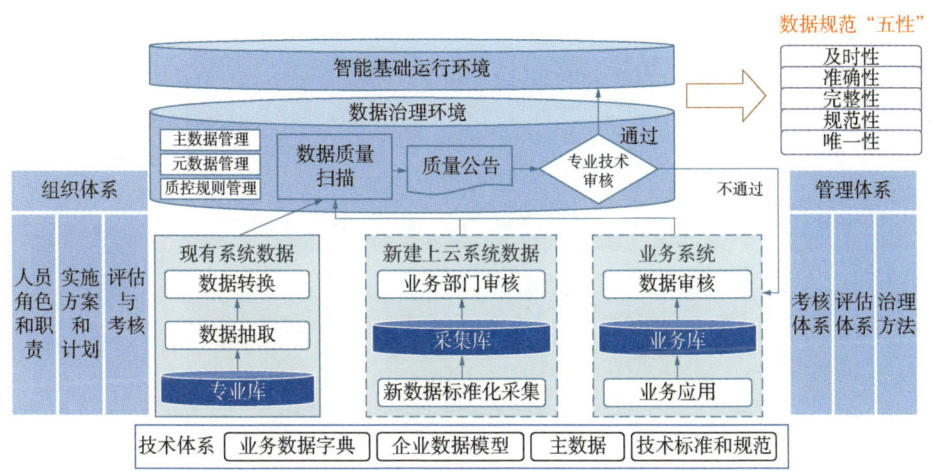

图3-5-1 数据治理方案框架图

1. 数据梳理与入湖

依托西南区域湖软件,对结构化数据逐层逐级开展数据入湖工作,建立非结构化数据索引,最后通过统一的数据服务管理功能实现外部应用的访问和获取。

需要对 12 口老井和 6 口新井的 19 张表的钻录测等井数据、11 个站库、34 台套设备、40 条管线、372 个管段的地面工程基础数据进行治理,完成包含主数据、钻录测试、井下作业、地质油藏、样品实验、油气生产等专业的结构化数据入湖,以及钻井设计报告、工程设计报告、井史资料等非结构化数据入湖,满足铁山坡气田当前各应用的数据支持需求。

数据入湖处理流程如图 3-5-2 所示。

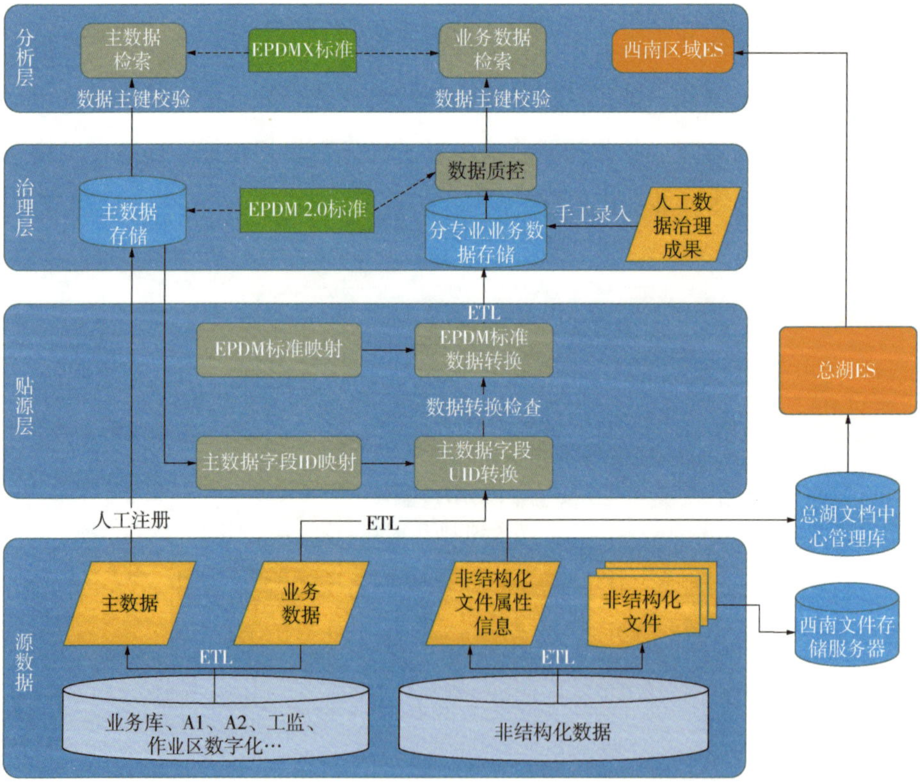

图 3-5-2　数据入湖处理流程

2. 提升数据质量措施

围绕数据"五性"关注点，制定提升铁山坡气田数据质量的技术和管理措施，详见表3-5-1。

表 3-5-1　数据质量提升关键点

五性	关注点	控制环节	技术措施	管理措施
及时性	数据即生即采，即采即审	源头	（1）源头采集规范须落实责任主体及时限要求； （2）数据提交和审核环节包括及时性检查、提醒； （3）定期检查及质量公报	（1）落实责任单位，落实采集、审核岗位； （2）考核措施
完整性	（1）数据项必填； （2）表间数据关系； （3）数据记录是否缺失	源头治理环境	（1）采集规范落实完整性规则； （2）模型设计时落实数据之间逻辑关系； （3）采集数据提交时实现完整性检查（必填、关系、有单调属性记录时检查单调性）； （4）采集系统强化审核辅助功能开发	（1）明确业务部门审定数据质量规则的职责； （2）建立以用促建、源头数据更新的数据循环机制； （3）落实数据审核人员岗位及要求； （4）考核措施
准确性	（1）数值型数据值域范围； （2）计算字段计算公式； （3）业务数据规律性； （4）数据内容填报是否完整准确	源头治理环境	（1）源头采集规范落实准确性规则； （2）数据提交前进行准确性规则检查； （3）根据数据规律性采用数据可视化手段等辅助检查； （4）采集系统强化审核辅助功能开发	（1）明确业务部门审定数据质量规则的职责； （2）建立以用促建、源头数据更新的数据循环机制； （3）落实数据审核人员岗位及要求

续表

五性	关注点	控制环节	技术措施	管理措施
标准性	(1) 数据内容展现规范化； (2) 实体属性规格和属性集规范化； (3) 主数据信息、隶属属性的引用	源头治理环境	(1) 源头采集规范落实标准性规则； (2) 公共规范值由智能气田基础平台提供引用； (3) 智能气田基础平台提供主数据及属性信息供应用引用； (4) 采集界面设计多采用下拉选择	(1) 明确业务部门审定数据质量规则的职责； (2) 无法改造应用，业务人员在数据录入时遵从标准化规则
唯一性	(1) 同一业务数据在企业数据生态内的一致性； (2) 应用的主数据必须与智能气田基础平台主数据一致或具有对应关系； (3) 数据记录不存在重复	源头治理环境	(1) 一体化数据模型； (2) 设计包含业务自然键，检查数据重复； (3) 对于同一业务数据在智能气田基础平台统一管理，基于智能气田基础平台统一共享服务； (4) 主数据统一管理，权威发布； (5) 数据提交前进行唯一性规则检查	(1) 从制度上建立油田公司基于智能气田基础平台的主数据、业务共享数据统一管理和统一服务的模式； (2) 业务部门负责组织数据问题的治理

3. 主数据管理

(1) 组织机构和人员数据。

组织机构和人员主数据按照西南油气田公司的统一要求从西南区域湖的数据服务接口获取，其权威数据源是西南梦想云的用户中心，因此组织机构和人员信息的变动入口统一为西南用户中心，区域湖和智能气田应用本身不提供组织机构和人员信息的修改，从而实现了组织机构和人员主数据的统一应用和维护。

(2) 地质单元新数据。

一级构造单元、二级构造单元、构造带/区带的基础数据由基础研究项目中的构造划分环节产生,研究人员通过相关系统进行数据录入与维护,地质单元信息经过线上领导审核后汇聚发布(图 3-5-3)。

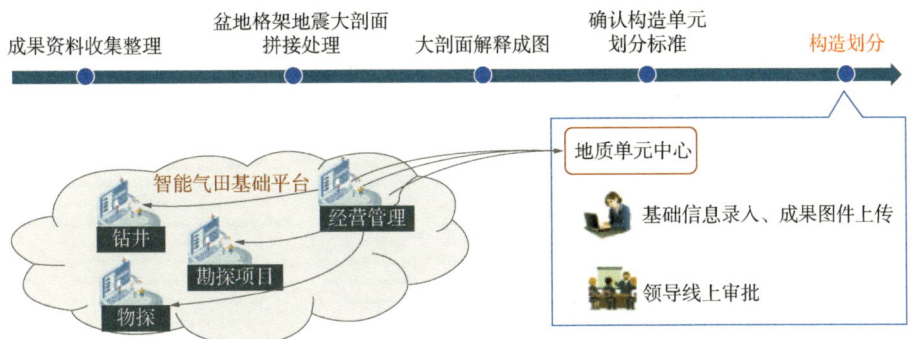

图 3-5-3 地质单元新数据管理

关于圈闭主数据,协同研究的圈闭管理模块作为数据源与地质单元中心对接。在圈闭管理模块中,圈闭信息经过领导审批许可后流转到地质单元中心,再通过主数据服务发布到智能气田基础平台供其他协同单位进行业务活动(图 3-5-4)。

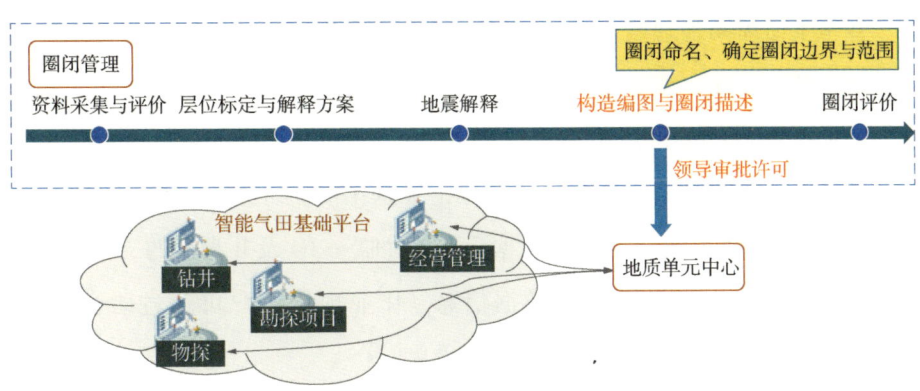

图 3-5-4 圈闭新数据管理

(3) 地质单元历史数据。

对于已经汇聚的地质单元历史数据，智能气田基础平台提供查询、审核界面，由业务人员进行审核确认(图3-5-5)。

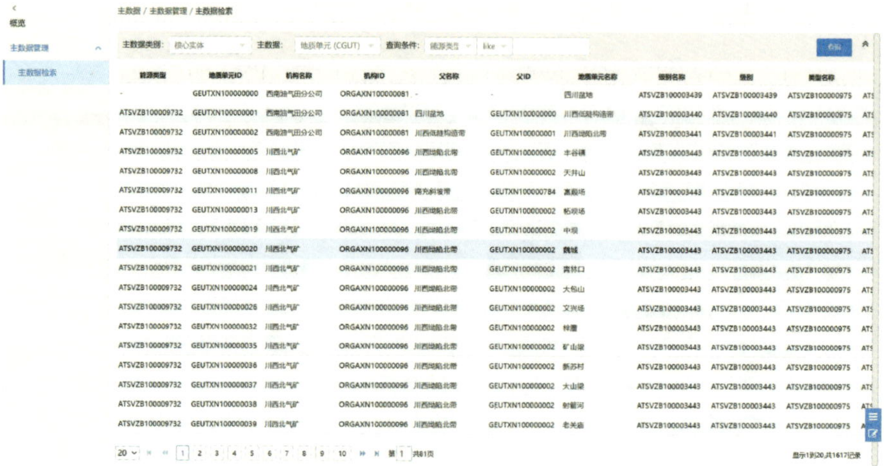

图 3-5-5 地质单元历史数据治理

(4) 井新数据。

井筒中心的建设以统一的业务流与数据流完成井全生命周期的管理，实现井基本信息的采集与流程管理(图3-5-6)。

井全生命周期管理始于部署设计，终于资产移交。井基本信息分别在部署设计、钻井工程、完井工程、油气生产、报废井管理5个阶段产生，根据用户需求提供PC端、移动端两种工作方式。

通过对接协同研究环境并上传井位论证意见书，研究院用户完成部署设计阶段井基本信息的导入。上传数据后产生井唯一ID及井身份的二维码，用户可在移动端实时查看新井主数据信息。作业现场用户可通过语音识别、OCR识别等技术手段，完成现场主数据采集。

井筒中心APP提供GIS服务、小梦智能搜索、井身结构图展示等功能，辅助审核人员完成井基本信息内容审核审批。

第三章 特高含硫智能气田建设方案

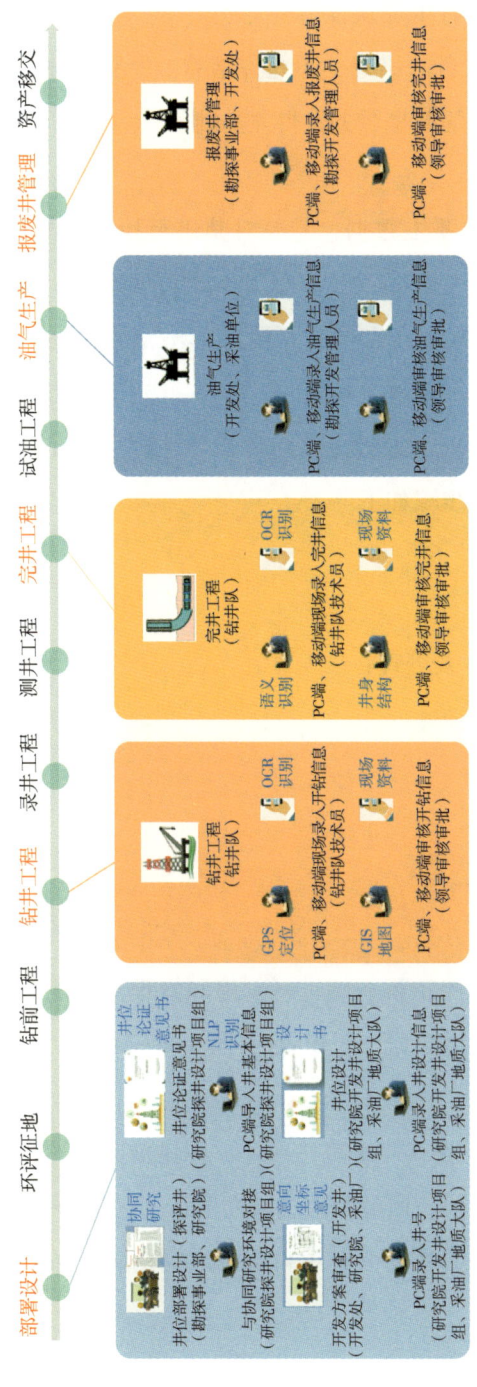

图3-5-6 井斯数据管理

在完井阶段，经审批后生成认证后的绿色二维码，完井总结报告上若没有完井信息完整性认证绿色二维码，不允许结算。所有统建、自建系统统一使用梦想云井筒中心提供的共享服务获得井基础信息。

（5）井历史数据。

井作为勘探开发的重要主数据，需要对其进行检查。通过专业的算法，结合档案井数来确定探井、评价井、开发井、当前生产井、报废井、报废井利用井、未利用探井、评价井等井数与井号，为数据治理提供基础保证。

为完成井的基本检查和治理，采用"7-16-7-16"治理方案，即执行7个流程步骤，运用16个检查方法，实施7个库操作维护，填写16张数据表，完成井数据治理工作。流程步骤如下：

① 检查当前井情况；

② 井号及属性整合；

③ 甄别同井不同井号及处理；

④ 井别等关键属性完善；

⑤ 各类井号确认；

⑥ 非法井号删除；

⑦ 各类井数验证。

（6）工区新数据管理方案。

主数据中的工区由物探工程系统进行创建和管理，其他系统只能从主数据中选择已创建的工区进行数据访问和应用（图3-5-7）。

（7）项目新数据。

依托A1(3.0)、A2、A5和A6统建系统，构建勘探开发全业务过程的项目数据管理，涵盖年度计划、风险勘探、研究项目、物探/井、地面工程项目和产建项目，并通过业务流程建立各项目数据之间的关联关系，构建全面的项目管理体系（图3-5-8）。

第三章 特高含硫智能气田建设方案

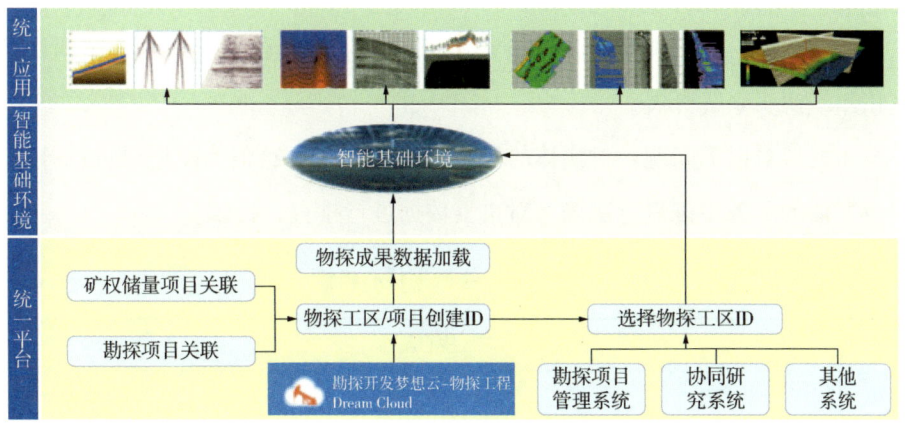

图 3-5-7　工区新数据管理

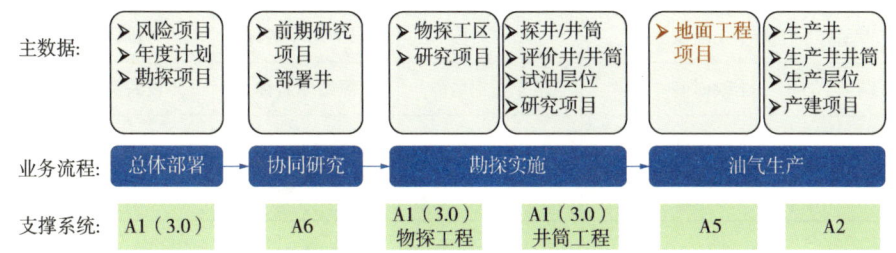

图 3-5-8　项目新数据管理

（8）其他新数据。

站库、管线、设备、生产单元都属于单一来源，继续采用从权威源直接注册，权威源做好主数据质量把关(图 3-5-9)。

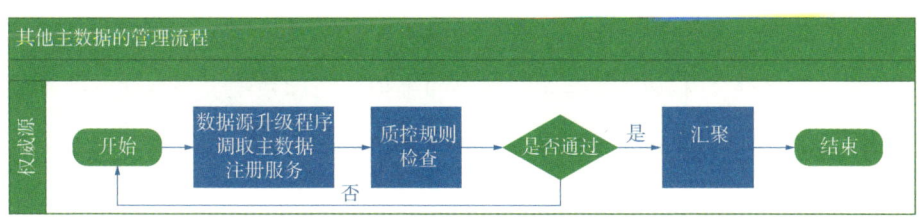

图 3-5-9　其他新数据管理

(9) 其他历史数据。

生产单元、站库、管线、设备都属于单一来源，数据治理主要由西南油气田组织源头系统开展。

主要核对以下问题：对实体的核心属性（表 3-5-2）值为空记录进行补充；对各实体的业务主键进行明确，对重复数据进行排查、处理。

表 3-5-2　主数据核心属性

序号	核心属性			
	生产单元	站库	管线	设备
1	生产单元名称	机构名称	管线名称	设备名称
2	父单元名称	父站库名称		父名称
3	生产单元类型名称	站库名称	目标站库名称	机构名称
4	生效时间	站库类别名称	源站库名称	设备类型名称
5	失效时间		关联类型名称	所属站库 ID
6				站内编号

(10) 参考数据新数据。

参考数据是数据采集和治理过程中所参照的标准化数据，由梦想云平台统一管理，并根据实际业务需求实现分级维护和管理。

参考数据主要分为两类，一是参照国际、国家、行业的标准，由梦想云平台统一编码和使用，并在相关的标准有变更或被替代时对涉及的属性规范值进行更新；二是根据业务实际进行归纳整理，针对油气田公司提出的需求进行统一的增补，并按照编码规则编码和维护。坐标系统、基准面、标准地层层序及属性规范值中的行政区等数据都属于第一类，而大多数的属性规范值属于第二类。

参考数据扩展流程如图 3-5-10 所示。

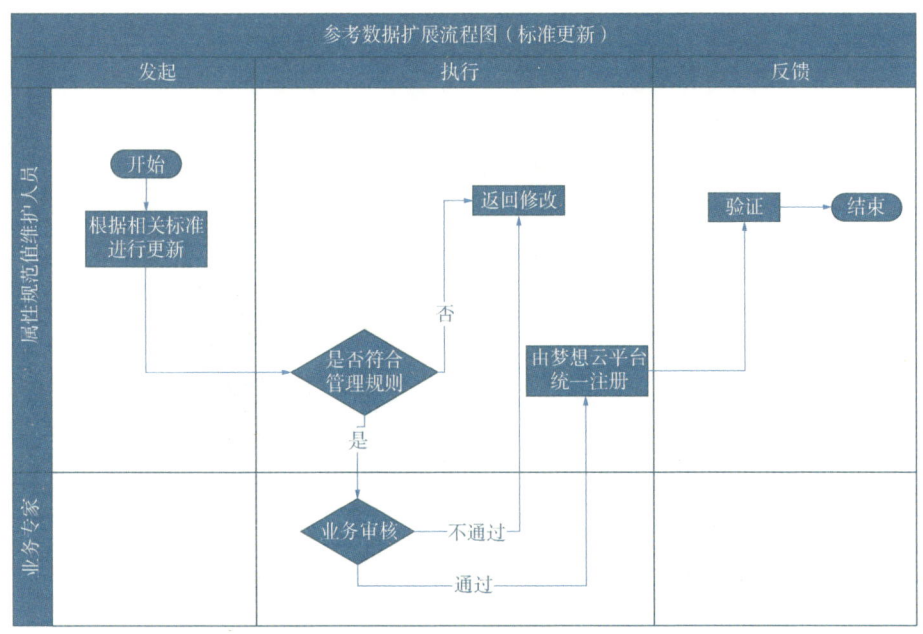

图 3-5-10　参考数据扩展流程

4. 业务数据管理

（1）新数据正常化。

源头数据采集是数据生产环节，是油气田数字化、智能化的基础工作。

前期各统建、自建系统都围绕各自的需求建设了源头采集系统，以 A1 系统 2.0 为例，围绕物探、井筒的核心资产数据开发了统一数据采集框架，按照 PDCA 的流程，以业务主数据为驱动，开展了相关专业的数据正常化管理工作（图 3-5-11）。

在数据采集方面需要进一步强化业务流与数据流一体化能力，实现将业务、数据、岗位三者有机结合，实现业务流与数据流的统一（图 3-5-12）。

一方面，建立起工业化流水线的在线工作模式，实现高度的协同与共享，提高工作效率；另一方面，基于统一的工作流程，通过数据管理人员与业务管理人员的协同工作，提高数据上报的及时性、准确性、完整性和一致性。

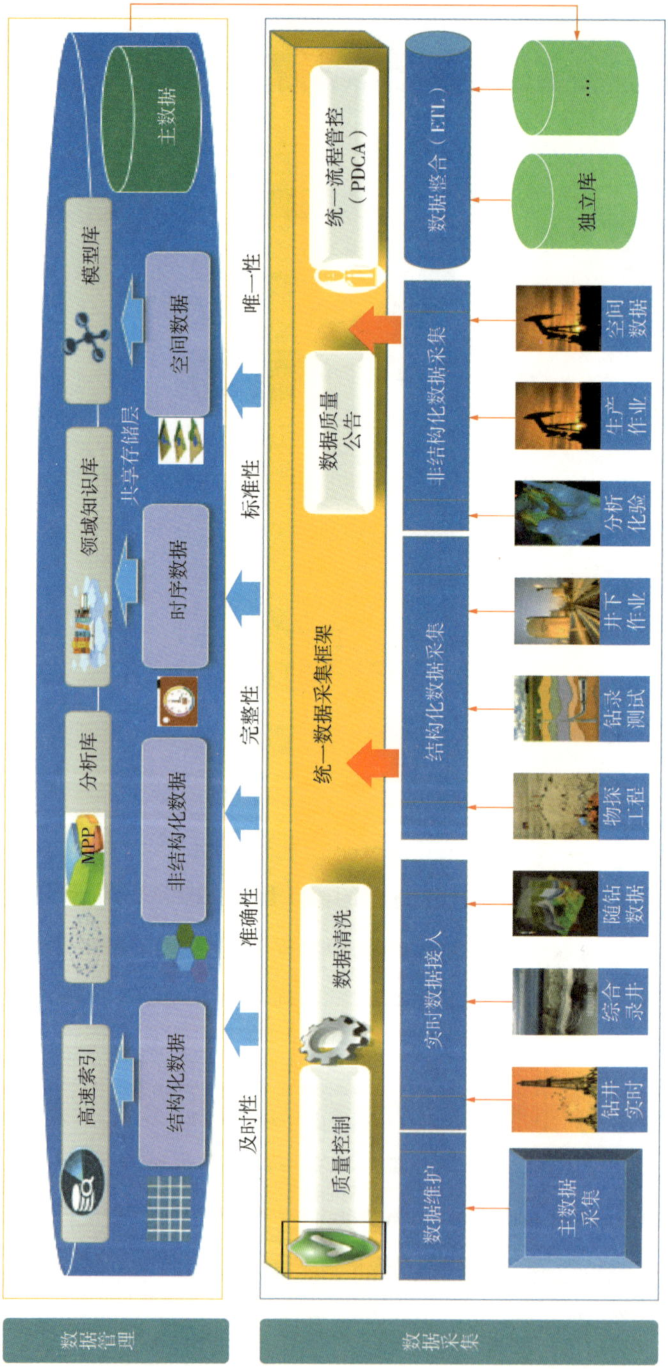

图3-5-11 勘探开发新数据采集流程

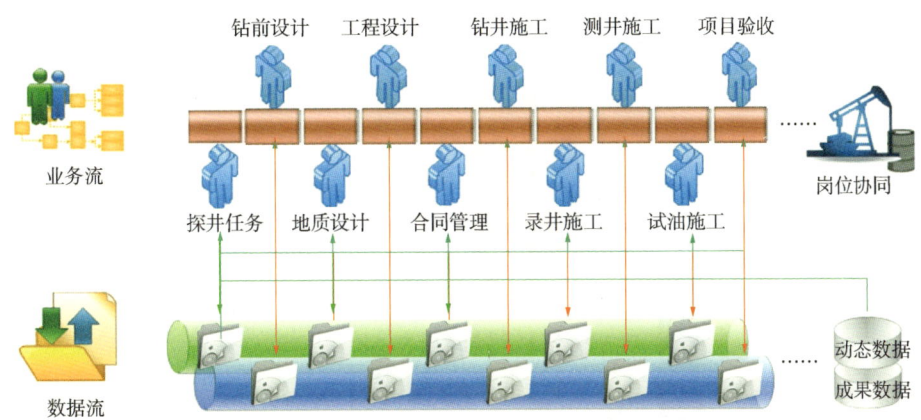

图 3-5-12　业务流与数据流统一

按照业务应用的需求，已确定汇聚核心数据资产标准，涉及 12 个专业，489 个数据集。统建系统数据采集范围需要根据业务流程进一步进行确认，明确各项目新数据正常化职责。统建系统未覆盖的数据，基于正在开展的作业区标准化工作，按照现场协同工作流程建立源头数据一次采集、全局共享的模式，减小劳动强度，保证数据质量。

（2）历史数据治理。

通过建立和完善历史数据治理的组织、制度、流程及工具，对数据治理工作给予支撑和保障。主要方式为基于治理工具和分步实施的策略，以核心应用数据治理为导向，采取急用先行的策略分步开展历史数据治理。

① 及时性检查。

按照智能气田基础平台共享存储层数据及时性要求，对各个单位上报的数据进行及时性检查，生成月度及时性报告。

以新钻井为井号注册发起事件，建立各类井施工事件发生感知、生产周期数据确认、分析数据产生确认响应模型。基于井各类事件发生时间，配置各专业数据相应时效要求和权重，对各类数据及时、超时、缺失、未到时限等进行监控，实现数据汇聚及时性的检查，按阶段生成相应的及时性报告，为数据及时性管理提供依据（图 3-5-13）。

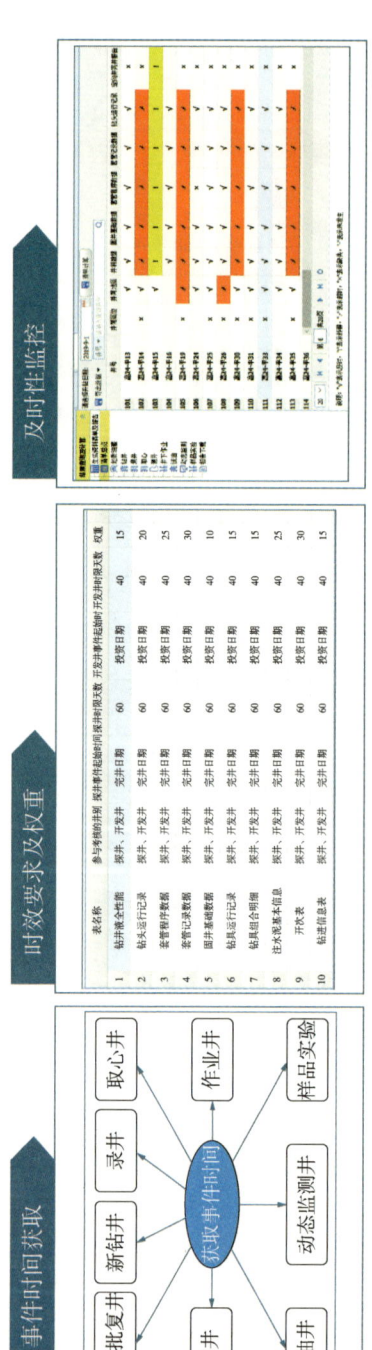

图3-5-13 及时性检查

② 完整性检查。

建立专业数据关联关系模型，逐井检查入库数据，记录对应井缺失数据，自动形成入库历史数据完整性评估。

制定数据可用性评价标准，对历史数据进行完整性、准确性量化打分，分为四个等级来评估数据库的可用性。以井为例，根据基本实体核查的各类井数及井号，分别按照钻井、录井、取心、实验分析、测井、试油、作业、测试、采气、产量等不同专业流程，确认各类井发生的专业数据类型及时间，生成完整性评估报告（图3-5-14）。

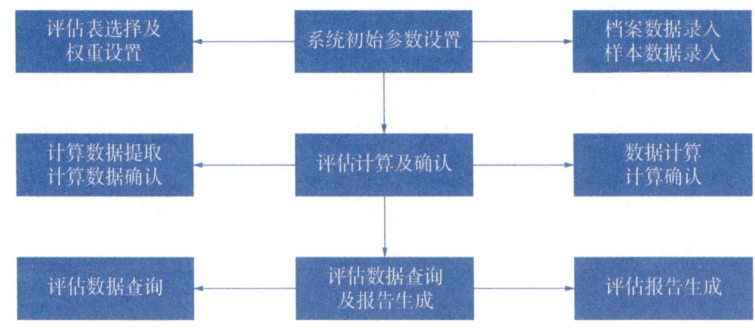

图 3-5-14　完整性检查

③ 准确性检查。

建立专业数据正确性检查数据字典，对入库历史及新数据入库质量进行检查，方法包括业务数据值域的取值范围、记录之间与表之间数据逻辑关系、数据相互间存在的真假范式、数据或字符出现规律的正则表达式、文档报告内容与文件名称匹配等。根据各专业数据表、数据项情况编制数据检查字典，对入库数据进行扫描检查。基于检查结果，按照各专业核心业务数据优先治理的原则，保证应用（图3-5-15）。

④ 质量公报。

基于勘探开发井相关数据的及时性、完整性和准确性的核查，形成数据质量公报，为数据治理提供依据。

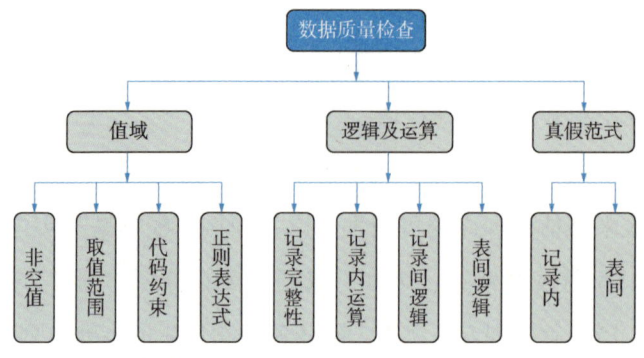

图 3-5-15 准确性检查

5. 数据服务发布

区域湖已入湖数据通过发布数据服务对铁山坡气田智能应用提供数据支撑，包括主数据、治理层、分析层、源头应用层、自定义查询等多种方式，多层次提供灵活的数据接口服务。发布的服务涉及 12 个专业，共计 112 个标准数据接口服务。

第六节　IT 基础设施建设

一、计算机系统

铁山坡气田计算机系统支撑 SCADA 系统、视频安全系统、物联网系统与网络安全防护系统等，相关的生产实时数据、视频安防数据、物联网数据、网络安全类数据等数据存储在脱水站仪控房服务器和硬盘矩阵中，同时相关生产物联数据远传至西南油气田 PSpace 数据库，为其他应用系统提供数据支撑，实现数据的二次深化应用。

生产智能管控平台部署在西南油气田云平台及算力中心，利用算力中心计算资源（10 台虚拟服务器共 64 核 CPU、内存资源 240GB）、存储资源和基础软件环境实现即需即用、灵活高效的 IT 资源配置，节约了硬件和基础软件成本，实现资产管理轻量化。

二、网络与通信系统

在依托川东北气矿已建办公网和生产网的基础上，在铁山坡气田内部通过"管道同沟敷设"及"架空"的方式建设天网光缆 19.481km 和地网光缆 19.943km，通过数据交换设备形成"天地双网"光纤通信环网，为气田生产实时数据、视频监控数据、业务办公数据的稳定传输提供可靠的技术支撑。

铁山坡气田脱水站、1 号井站、2 号井站、大湾清管站、交接计量站和 4 个监控阀室通过 2 台工业级以太网交换机结合天地光缆建设千兆光纤工业以太网冗余环网络 A 和 B（图 3-6-1），其中生产数据 AB 双网同时传输，监控视频数据只通过生产网 B 网接入。2 台三层网络核心交换机设置在铁山坡脱水站，在脱水站同时建设办公网络，满足生产管理和办公数据使用需求。脱水站至川东北气矿上联网络设置有防火墙，使用 2.5G MSTP 设备上联至川东北气矿，大湾清管站至川东北气矿通过自建通信杆路架设 24 芯 ADSS 光缆实现通信接入。

生产网细分为数据子网和视频流子网。生产网的实时数据和计算结果数据通过单向网闸可以进入办公网，视频流子网通过办公网生产数据平台读取生产数据。为响应报警和预警的时效性，设备监控状态监测、大数据趋势预警等计算模型部署于生产网，通过接入现场实时数据进入服务器，服务器通过生产数据平台将计算分析结果通过生产网的单向网闸传输至办公网的智能气田基础平台的本地数据库。

铁山坡特高含硫智能气田建设与应用

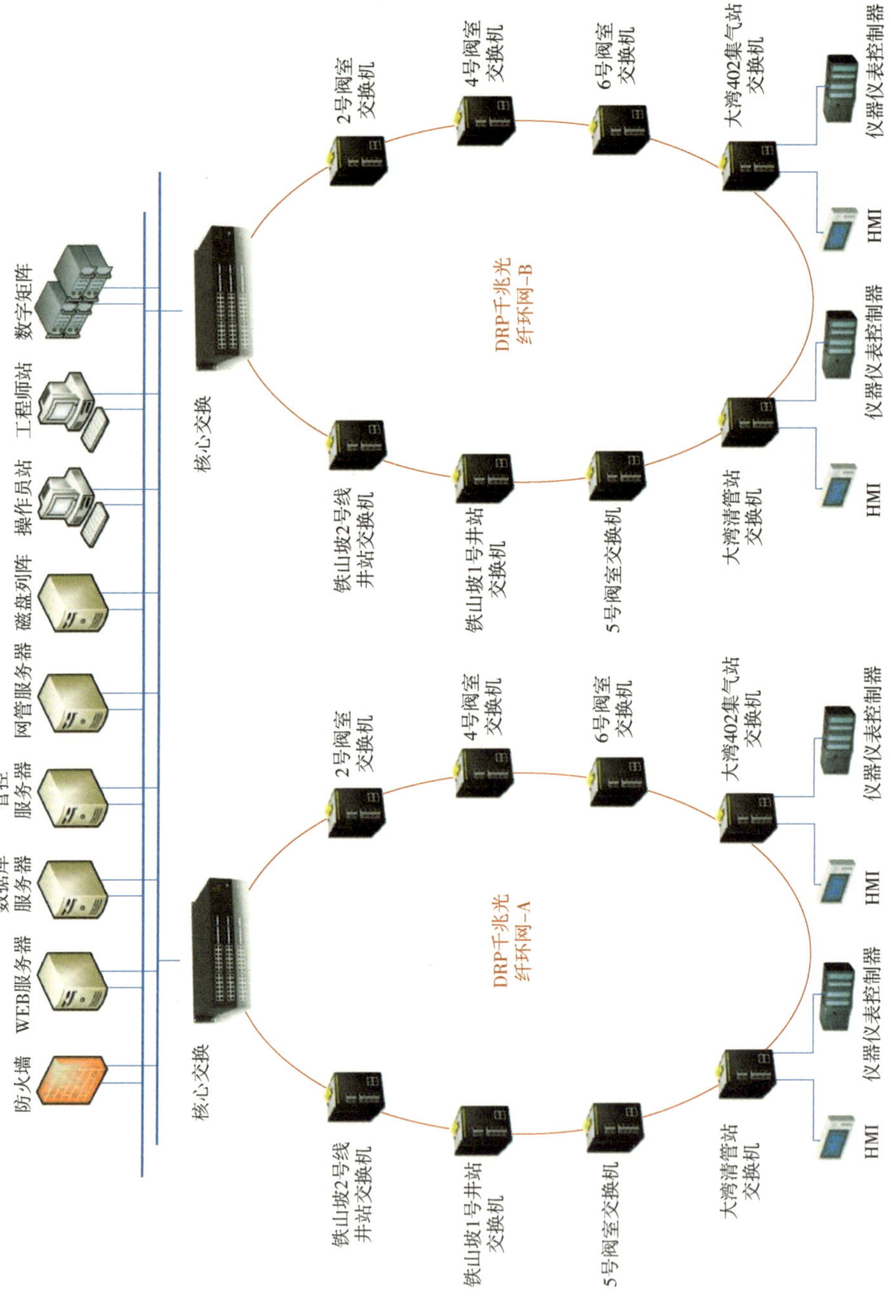

图3-6-1 铁山坡气田网络交换机设置示意图

视频流子网主要用于管理视频流相关的摄像头及移动终端设备,视频流子网与办公网通过双向网闸实现互通(图3-6-2),可以无线和有线两种方式接入办公网,其中无人机、机器人通过无线方式以5G公网接入,摄像头和边缘智能计算服务器通过有线方式接入,生产智能巡检管理及其智能应用部署到视频流子网,相关数据汇聚到办公网中心机房。

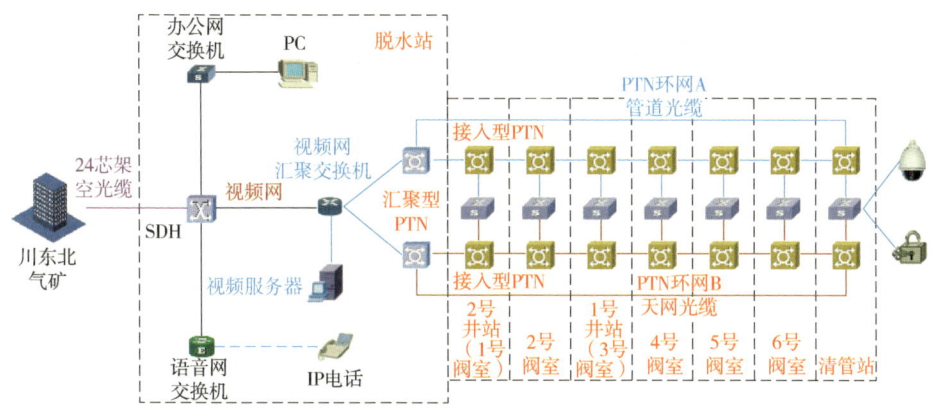

图3-6-2　铁山坡气田工业视频网拓扑图

办公网中业务系统汇聚的已有系统的业务数据,以及智能气田产生的业务数据均存储在办公网中的智能气田基础平台的本地数据库,用于支撑智能气田的各类智能应用。

与运营商合作,使用5G切片技术,通过UPF分流实现站场、管道等作业现场智能设备的高速内网接入。智能设备借助5G专网实现与内网应用服务器、智能计算资源的超高带宽、超低延时的通信,满足后台业务管理人员实时掌控现场生产作业情况的需求。

此外,为满足铁山坡脱水站高噪声和高危险度场合下生产管理和巡检人员流动作业对通信的需要,并在事故状态下紧急疏散相关工作人员时提供广播呼叫服务,在脱水站设有IP扩音对讲通信系统1套,在脱水站生产装置区设置扩音对讲话站3套,在中控室设置扩音对讲系统主机及调度指挥台。在井场和阀室设置扬声器接入摄像机，利用工业电视平台实现语音喊话功能。

为加强铁山坡气田工业控制体系的网络安全管理，在铁山坡气田建设一套较为完善的工业网络安全防护体系。系统采用智能型工业防火墙，主要包括工业防火墙系统、工业网络审计与入侵检测系统、工业网闸系统、工业主机卫士，以及日志审计与分析系统。

三、自动化控制系统

铁山坡特高含硫气田开发充分采用先进的工业自动化控制系统，遵循"一个气田、一个控制中心"的管理模式，气田的控制中心设置在脱水站，各阀室及站场按自动控制、无人操作水平进行建设，并向上与川东北气矿地区生产调控指挥中心和西南油气田成都总调度指挥中心相连，构成四级结构（图3-6-3）。

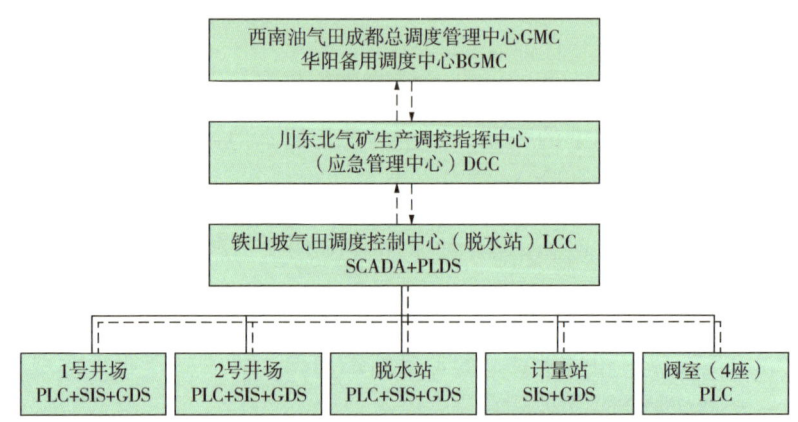

图3-6-3　铁山坡特高含硫气田自动化控制系统结构框图

第一级为西南油气田成都总调度管理中心（GMC——Global Manager Center）与华阳备用调度中心BGMC，依托西南油气田现有SCADA系统及系统网络。

第二级为川东北气矿地区调度管理中心（应急管理中心）（DCC——Dispatching Control Center），依托西南油气田现有 SCADA 系统及系统网络。

第三级为新建铁山坡气田调度控制中心（LCC——Local Control Center），设置于脱水站内，依托 SCADA 系统和 PLDS（管道泄漏监测系统）完成下属气田站场的集中监视。

第四级为新建站场控制级，在气田井站、集气装置、产品气外输装置、阀室等相关工艺设施等处设置计算机控制系统。

铁山坡气田自动化控制系统由 PCS+GDS+SIS 构成，其中 PCS（过程控制系统）主要实现气田生产现场井口气量的自动调节、站场及管线气源的远程放空、脱水装置各类液位的自动调节、加热炉装置的远程启停等，主要由现场数据采集仪表与自动执行机构、控制器和上位系统三部分组成；GDS（火气检测系统）主要实现气田工艺设备设施在生产运行过程中周边环境的可燃与硫化氢的浓度检测、火焰信号检测，同时通过硬接线的方式与 SIS（安全仪表系统）进行联动；SIS 主要实现气田生产过程异常状态下井口、站场与管线气源的截断、站场和管线原料气与燃料气的自动放空、酸气压缩机及燃烧器等动设备的自动关停等。

四、物联网系统

铁山坡气田物联网系统建设于生产网内，通过 SCADA 系统 OPC 服务器接收生产计算机控制系统及其他系统的数据，包括 HART 设备数据、RTU 数据、能源设备数据、其他具有通信接口的系统数据等；整合数据来源，获取设备相关的动静态数据，掌握设备运行状态，为设备预测性维护提供基础，从而提高现场管理运行效率。具体地，从人员物联、设备物联、安全物联和地图应用四方面实现气田物联网管理数字化要求，功能包含全要素数字化管理及综合展示、智能仪表管理、设备维护工单闭环管理、有毒可燃气体动态感知、灵活组态、邮件提醒等。

人员物联：将人员经验融入系统，通过手持终端便携式办公环境，审批流程、特种作业、巡检、检维修和作业的计划、过程、结果均在线记录，实现将人员融入系统进行管理和作业闭环管理，有效提高人员工作效率和气田管理水平，同时收集现场人员作业数据，为设备自动诊断故障奠定数据基础。

设备物联：建立集中式设备数据中心，采集现场智能设备完整信息，并为非智能设备完善信息档案和运行状态记录，实现随时随地查看设备关键运行曲线、远程控制设备完成参数设置和故障排除等功能，快速分析设备状态和问题，提升故障解决效率。

安全物联：自动检测系统中与安全相关的材料档案并制定巡查计划，在巡查中通过智能终端采集各巡查点的风险情况、材料状态等信息，自动收集各安防系统的数据，实现离线和在线设备数据收集；自动划分风险等级，将安全问题全方位管控，发现问题后通过智能工单全流程闭环管理安全问题的实时状态，监督每个问题安全快速处理完毕并将结果反馈相关部门，自动统计并汇总相关信息，确保气田安全运行。

地图应用：基于西南油气田公司地理信息系统（A4）提供的基础二维、三维地图服务和三维模型服务，实现设备二维、三维地图综合展示与查询应用。

物联网系统按照《西南油气田公司油气生产物联网系统建设规范》要求进行架构设计（图3-6-4）和系统实施，基于ISA95所提出的企业信息化集成模型，系统前端和后端均为微服务化程序，并能够在企业现有云平台或私有云中完成部署，具备自动化部署、熔断和监测等能力。系统采用B/S架构，并能够实现以插件化的方式扩展系统功能；提供标准化API接口，能与其他系统

第三章 特高含硫智能气田建设方案

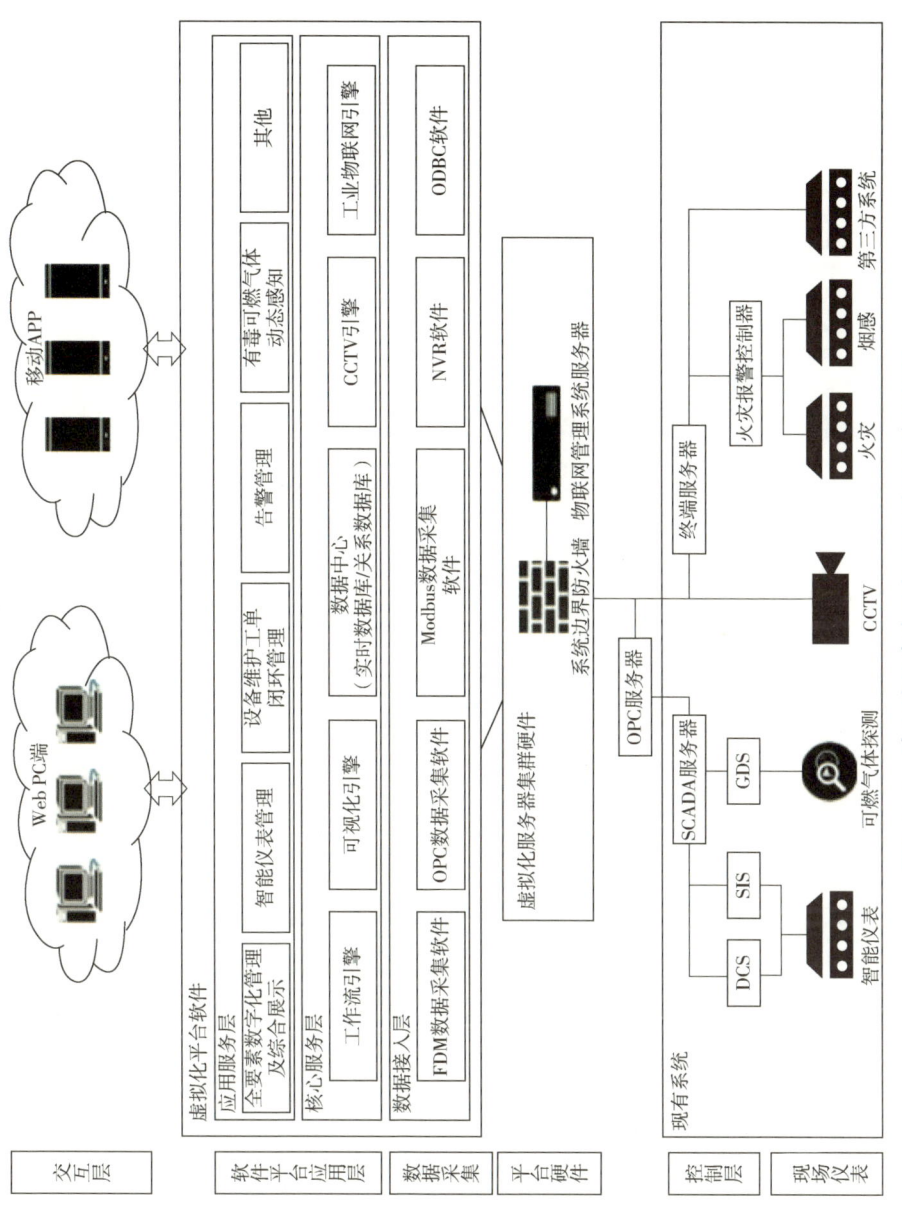

图3-6-4 铁山坡特高含硫气田物联网系统架构图

完成数据交互，可与现有控制系统一体化集成，可与已建应急指挥系统和完整性管理系统功能整合；提供 Web service 接口和 OPC 接口，支持业务应用系统数据在生产网共享，为智能化气田生产运行可视化、应急指挥可视化管理提供原始数据，提升生产数据的时效性和准确性。

铁山坡气田 SCADA 系统通过光纤通信系统与已建的川东北气矿调度管理中心相连，接受气矿调度管理中心、西南油气田公司主(备)调度管理中心的管理和远程监视。

五、不间断电源系统

电力作为现场化工业生产的基本保障要素，事关气田天然气生产的连续性、稳定性与可靠性。根据站场负荷情况，在站场与阀室分别设置 11 套 EPS(应急电源系统)和 UPS(不间断电源系统)，配合市电与柴油发电机的使用，为各系统的连续稳定运行提供保障。

六、信息化辅助系统

铁山坡特高含硫智能气田信息化辅助系统主要包括视频安防系统、光纤振动系统、光纤温感检测系统、次声波系统、激光甲烷检测系统、地质灾害系统、社区报警系统、大屏显示系统和无人机巡检系统，为铁山坡气田生产现场和作业现场的实时监控及管道巡护等提供完善的技术支撑，为铁山坡智能气田的无人值守奠定坚实基础。

1. 视频安防系统

在铁山坡脱水站设置管理服务器、流媒体服务器、存储系统、计算机等设备，建设铁山坡气田高清工业电视核心监视系统。各井场、阀室，以及高后果区工业电视监视系统以远程监视为主，通过生产网络接入铁山坡脱水站核心设备，同时监视视频通过传输系统传至川东北气矿调控中心或成都西南油气田总调度指挥中心进行查看和调用。

（1）视频监控系统。

在铁山坡气田站场与阀室共设置42台视频摄像头，并全部接入公司系统；17.3km管道上共设置65套云台式监控视频，作为工业控制系统监控手段的重要补充。具备智能识别功能的站场与管道视频监控系统的建设为铁山坡气田生产现场全天候监控提供了强有力的技术支撑。

（2）高后果区视频监视。

《国家安全监管总局等八部门关于加强油气输送管道途经人员密集场所高后果区安全管理工作的通知》（安监总管三〔2017〕138号）要求："要采取提高日常巡护频次、加密设置地面警示标识、安装全天候视频监控等人防、物防、技防措施，及时阻止危及人员密集型高后果区管段安全的违法施工作业行为。"铁山坡气田管道沿线均为高后果区，按照每500m设置1处视频监视点的原则，并考虑地形因素、交通因素、第三方主要活动范围因素等，结合不同类型的监控地段，沿线管道共设置36台视频监视摄像机，以实现对高后果区管道沿线进行全天候视频监控，保障管道的安全运行。

（3）门禁安防系统。

在铁山坡气田1号站场A/B平台、2号站场、大湾清管站与脱水站共设置门禁系统5套，并由脱水站中控室进行统一管理，有效规范铁山坡气田无人值守站场的进出站管理工作。

2. 光纤振动监测系统

通过光纤振动波形变化，对比已录入波形库，智能识别管线周边是否存在人工作业、挖掘作业或车辆经过等，及时发现管线周边施工作业情况，及时采取相应措施进行管道防护。

3. 光纤温感检测系统

通过管道泄漏时周边温度的急剧变化现象，及时发现管道泄漏点并采取相应应急措施，提升管道应急管理水平。

4. 次声波泄漏监测系统

通过安装于管道两端的次声波探头检测管道泄漏时的振动次声波，同时通过波形对比分析，判断管道泄漏地点及气量大小等。

5. 激光甲烷监测系统

通过带有激光甲烷检测功能的摄像头，对站场的气体泄漏情况进行大范围、全天候的实时巡检，这是火气系统的重要补充。

6. 地质灾害系统

通过雨量多少、偏移大小、应力大小三个监控要素的实时检测，综合分析判断管道周边地质是否存在灾害并预警，实现管道预防性管理。

7. 社区报警系统

根据 QRA（定量风险评价）报告，发生泄漏时，站场 1500m 范围作为应急撤离区，1500~2630m 范围作为应急计划区，集气干线管道沿线两侧 3410m 范围作为应急计划区，因此在铁山坡气田设置室外报警站 28 座，设置中心管理站 1 座，并配套通信网络、供电系统等。在日常演练或应急状态下主要通过报警点安装的喇叭、声光报警器等设备手动报警或语音广播，对周边居民进行快速提醒、紧急集合。

8. 大屏显示系统

为满足对铁山坡特高含硫气田生产工艺流程、生产数据及视频监控的集成显示，在脱水站控制室设置 LED 大屏显示系统 1 套。生产智能管控平台可以在办公电脑和川东北气矿调度指挥中心大屏上展示。

9. 无人机巡检系统

有关无人机巡检系统见本章第四节生产智能管控平台"三、安全环保智能管控场景"。

第七节　地面工程建设数字化管理与移交

铁山坡特高含硫气田开发地面工程建设利用已建"西南油气田地面工程建设数字化管理移交平台"进行适配及相关定制开发工作，对建设过程中的数据进行采集与可视化展示，对设计、施工全过程进行数字化管控，对地面工程进行数字化竣工移交（图3-7-1）。

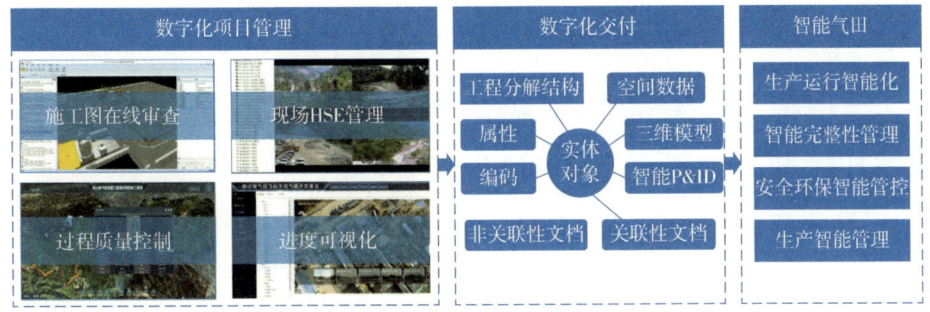

图 3-7-1　地面工程建设数字化管理与移交示意图

一、数据采集

铁山坡气田开发地面工程遵循《中国石油油气田地面工程数字化交付技术规定》进行数字化建设，以在线归档和实体对象数据资产化为目标进行数据采集。采集数据类型包括设计成果数据、设计审查数据、物资采办数据、物资流转数据、过程施工数据、监理监管数据、安全管理数据、档案归档数据、现场可视化数据、周边环境数据、质量监督管控数据、试运行投产数据、工程竣工文件，以及项目管理数据等，为设计、施工和运行管理提供数据基础。

各供数方完成数据自查后由交付服务单位和监理单位完成审核，同时为确保竣工模型与现场实际保持一致，通过现场设备安装拍照的方式实现安装位置和数据校对，确保交付数据的真实有效。

二、设计施工全过程数字化管控

地面工程建设数字化管理移交平台实现设计在线浏览与审查、工程伴随式测量测绘、物资物联跟踪、文档在线签章、施工和项目管理人员全员受控：

（1）三维设计浏览与审查实现全网络化处理；

（2）工程伴随式测量测绘：工程伴随式测量测绘覆盖率100%，工程伴随式测量测绘时效性小于48h；

（3）物资采购和使用实现物联跟踪：物资二维码标识普及率在90%以上、物资调拨与跟踪的在线率在80%以上；

（4）施工过程数据填报全在线：施工过程数据在线提交率达90%，施工过程数据反馈时效小于48h；

（5）建设全过程文档在线签章；

（6）施工和项目管理人员全员受控：管道焊接施工现场全过程监控，人员进出场管控率100%，建设期场内监控人员定位覆盖率100%。

三、数字化移交

依据Q/SY 01015—2022《油气田地面工程数字化交付规范》和《基于数字孪生应用的气田集输及储气库地面工程数字化交付技术规定（试行）》建立地面工程数字化交付数据模型，并通过系统对接方式完成模型和数据的入湖工作。

将管道数据与场站数据融合对齐,形成铁山坡气田地面工程孪生数据体。采用国产化三维引擎 DeepWorld 和云端渲染技术对孪生数据体进行渲染、管理及发布,可通过三维实体调取对应的结构化数据、非结构化文件及进行智能定位和识别(P&ID,图 3-7-2),满足工程数据查询、检索、交付等应用需求。

图 3-7-2　通过地面工程三维模型进行关联查询及定位和识别

竣工验收所需资料按照"统建 E6 系统关于档案数据的格式要求"提交至 E6 系统,主要包括档案卷目录生成、档案件目录生成,以及档案文件梳理,进行在线归档,方便后续查询和应用。

第四章
特高含硫智能气田建设方案实施

铁山坡特高含硫智能气田建设方案实施依托中国石油和西南油气田数字化、智能化建设成果，在各方的支持下，通过联合项目团队两年多的高效工作，顺利完成生产智能管控平台建设、数据治理和信息基础设施建设，实现系统试运行和正式运行，保障了中国石油首个特高含硫气田的顺利投产和平稳运行。

第四章 特高含硫智能气田建设方案实施

第一节 实施组织

为了确保铁山坡特高含硫智能气田建设方案各项建设任务的顺利、高效实施，实施工作采用规范的项目管理方法，组建了由项目建设方西南油气田分公司及川东北气矿和项目主要承建方昆仑数智科技有限公司相关管理人员和技术人员组成的联合项目团队，包括项目领导小组、项目经理部、专家组和9个业务组（图4-1-1），共计投入人员超过50人。

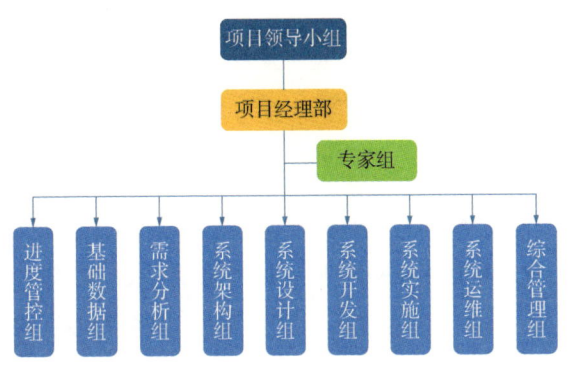

图4-1-1 铁山坡特高含硫智能气田建设项目实施组织

联合项目团队分工和职责如下：

项目领导小组：负责项目关键事项决策，包括审查和批准项目总体技术方案、实施计划和经费预算；不定期听取项目经理部的汇报，协调解决项目实施中的重大事项，确保项目的正常推进。

项目经理部：向项目领导小组报告项目进展情况；协调项目建设方和承建方的关系，及时解决双方工作中的问题；制定项目管理制度，按项目管理模式对项目实施全过程进行管理，控制好项目范围、计划、质量和投资；审查确定项目进度计划，审查确认项目里程碑成果；组织项目阶段验收和最终验收，确保对项目的质量控制等。

专家组：提供业务指导和咨询，负责技术方案、实施计划等的技术审查和审定，重大技术问题的决策建议，系统实施过程中的技术支持和咨询。

进度管控组：协助项目经理管理项目进度。

基础数据组：负责区域湖数据资源建设、数据质量控制和数据模型技术支持。

需求分析组：负责业务需求调研分析。

系统架构组：负责基于梦想云和区域湖的系统架构设计，项目基础平台建设。

系统设计组：负责系统各功能模块设计。

系统开发组：负责系统各功能模块开发和技术支持。

系统实施组：负责系统软硬件部署与集成、系统上线，组织开展用户培训。

系统运维组：负责系统上线后的运行及维护工作。

综合管理组：负责项目合同管理、文档管理、会议管理、事务咨询等。

第二节　实　施　过　程

铁山坡特高含硫智能气田与地面工程同步设计、同步建设、同步投运。从方案设计到方案实施，建设方和承建方密切配合，关键用户全程参与，确保了建设方案全面落地，达成预期目标。

第四章 特高含硫智能气田建设方案实施

一、先行开展信息化基础设施建设

2022年2月,铁山坡特高含硫智能气田示范工程建设项目初步设计获中国石油批复正式立项,3月召开了项目启动会,随即开展了"天地双网"传输链路、SIL3等级工业自动控制系统和综合立体技防系统等信息化基础设施建设。

二、细化需求和设计,联合攻克技术难题

2022年3月至5月,开展20余次需求再调研,细化和落实前期建设方案初步设计时调研收集的用户需求。7月搭建生产智能管控平台开发与运行环境,依托中国石油西南油气田公司梦想云平台服务中台,开发相应的应用服务,同时开展建设方案详细设计和数据治理(包括数据湖建设)。11月建设方案详细设计通过审查,12月基本完成用户急需的生产运行管理和经济评价模块开发和部署。在建设方案详细设计和开发过程中与用户和合作方(第三方IT服务商和高校)密切沟通和交流,组织召开专题研讨会和交流会12次,及时攻克了气藏—井筒—地面一体化模型、硫沉积预测、水合物预测等方面的技术难题,确保项目顺利推进。

三、系统试运行和正式运行

2023年5月,基本完成生产智能管控平台的功能开发,开展源代码检测、功能测试和压力测试,并在梦想云平台上部署,5月28日系统上线试运行。试运行前,根据业务功能模块划分及用户使用需求制定详细的培训计划,编

写培训手册，共计开展用户培训25次，参训人数超过500人次，有效支持系统的推广使用。

上线试运行期间，用户累计登录系统约1.2万人次，在试用系统的同时反馈问题和建议60余项，均得到联合项目团队的及时响应和处理，使系统得到优化；根据现场生产情况，共计开展模型校准45次，持续进行一体化模型校准优化；组织编制了《铁山坡气田专业模型及工作流常态化运行保障方案》和《铁山坡智能气田系统应用与运行维护管理实施细则》，明确了智能气田各模块使用及维护的用户岗位职责，以及相应的管理制度。

2024年5月28日，铁山坡特高含硫智能气田安全平稳运行一周年，年产天然气$15.42\times10^8 m^3$、硫黄$32.25\times10^4 t$。6月14日，铁山坡特高含硫智能气田示范工程建设项目通过西南油气田公司验收，7月29日通过中国石油最终验收，正式上线运行，标志着铁山坡特高含硫智能气田全面建成。

第三节　实施工作量

一、软件开发

开发部署智能气田基础平台和生产智能管控平台，包括一级功能模块24个，二级功能模块85个（表4-3-1），前端源代码量420M，后端源代码量17.3M，共计939.87人·月。生产智能管控平台支撑专业一体化智能协同、开发生产智能管理、安全环保智能管控和经营管理优化决策四大业务应用场景。

表 4-3-1　铁山坡特高含硫智能气田软件功能模块统计

序号	平台	一级模块	二级模块
1	基础平台	基础环境	数据源管理
2			数据权限管理
3			元数据、数据模型和数据标准
4			数据监控
5			脱敏和加密
6			数据访问安全管理
7		存储管理	结构化数据存储
8			非结构化数据存储
9			时序数据存储
10			管理工具
11		数据治理	主数据管理
12			数据质量监控
13		数据集成与监控	数据集成
14			数据监控
15		数据服务	数据服务地图
16			业务门户
17		控制台	概览
18			组件控制
19	生产智能管控平台	气藏—井筒—地面一体化模型	气藏模型构建
20			井筒模型构建
21			地面模型构建
22			一体化模型耦合
23			一体化模型全景展现
24		智能跟踪与诊断	跟踪诊断总况
25			气藏模拟与分析
26			井筒模拟与诊断
27			管网模拟与诊断

续表

序号	平台	一级模块	二级模块
28	生产智能管控平台	自动优化配产	配产执行监控
29			智能配产
30			配产风险评估
31		井筒可视化	三维井筒
32			生产自动分析与诊断
33		开发储量管理	开发储量数据库
34			储量数据综合应用
35		气田开发知识库	气藏知识库
36			气井知识库
37		生产运行可视化	气田总况
38			生产调控
39			智能预测
40			全面感知
41			工控可视化
42		井筒完整性管理	井筒完整性评价
43			泄漏风险概况
44			单井评价报告
45		站场完整性管理	数据采集
46			站场总览
47			监测检测评价
48			维修维护
49			效能评价
50		管道完整性管理	数据采集
51			高后果区识别和风险评价
52			检测评价
53			维修维护
54			效能评价

续表

序号	平台	一级模块	二级模块
55	生产智能管控平台	水合物预测	水合物预测总况
56			管网水合物预测
57			井筒水合物预测
58			假定工况模拟
59		硫沉积预测	硫沉积预测总况
60			井站硫沉积预测
61			支干线硫沉积预测
62			井筒硫沉积预测
63			假定工况模拟
64			天研院硫沉积预测系统
65		段塞流预测	段塞流预测总况
66			管线段塞流预测
67			假定工况模拟
68		站场动态工艺模拟	工艺实时监控与预测预警
69			设备运行状态监测
70			工艺优化分析
71		开停井工况模拟	假定工况模拟
72			模拟预测分析
73			方案对比优选
74		开停工工况模拟	开工方案
75			停工方案
76		应急指挥可视化	应急数据管理
77			应急响应
78			应急部署智能规划
79			应急处置
80			音视频指挥调度
81			应急演练动态模拟

续表

序号	平台	一级模块	二级模块
82	生产智能管控平台	经济效益评价	评价项目管理
83			项目经济评价
84			评价结果展示

二、数据建设

1. 实体数据

结构化数据：设备对象1277项，焊口10223项。

非结构化数据：设计文件2365份，物资文档681份，施工档案1121份。

半结构化数据：10座站场阀室三维模型、51张智能P&ID。

地理信息数据：管道周边设施5554项，人居信息3722项，测绘图纸1套。

其他数据：焊机实时数据210万条，数字化检测底片文件7TB，现场图片1150张。

2. 生产数据

共集成6口井、2条集气支干线、2条联络线、4个井站的温度、压力、流量、阀门开度等生产实时点位数据443个，完成二次组态开发20张。

3. 数据治理

梳理出493个原始数据集需求，通过专业合并和划分，共16类专业数据、278个数据集，其中结构化数据集210个，非结构化数据集68个。

确定数据源系统8个，包括A2、A5、开发生产管理平台、工程监督系统等。

在EPDM模型上扩展17张表133个字段，新增非EPDM模型173个。

第四章 特高含硫智能气田建设方案实施

治理了 12 口老井和 6 口新井的钻录测等数据(19 张表)，以及 11 个站库、34 台套设备、40 条管线、372 个管段的地面工程基础数据。

完成 8 个源系统 18 口井、16 类专业数据的入湖，共计入湖数据表 74 张，配置 569 个 ETL 流程，迁移 3366353 条数据记录。

发布 12 个专业、112 个标准数据接口服务，包括主数据 13 个，地质油藏 1 个，样品实验 12 个，钻井 8 个，录井 1 个，测井 1 个，生产测试 7 个，井下作业 4 个，油气集输 4 个，油气生产 21 个，地面工程 10 个，非结构化数据 27 个。

统一数据质控标准，建立 471 条质控规则，对 117 张表进行了质量检查。

三、基础设施建设

1. 网络与通信系统

通过"管道同沟敷设"及"架空"的方式建设天网光缆 19.481km，地网光缆 19.943km，通过数据交换设备形成"天地双网"自建光纤通信环网，为气田生产实时数据、视频监控数据、业务办公数据的稳定传输提供了可靠的技术支撑。

2. 自动化控制系统

以双冗余的"DCS+GDS+SIS"构成具备 SIL3 等级的工业控制系统。以"天地双网"构成流畅的通信传输链路，以工业防火墙、工业网络审计与入侵检测等 5 部分构成强有力的工控安全防护体系。共设置 5 级 132 条联锁逻辑，0 级全气田关停并放空联锁 1 条，1A 级区域关停放空联锁 7 条，1B 级区域关停、保压不放空联锁 29 条，2 级、3 级装置及设备级联锁 95 条。其中 0 级涉及 72 项设备设施的联锁动作，紧急情况下，在中控室可完成气田的一键关停，实现了当前技术条件下"安全规格等级最高、工业自控水平最高"。

3. 信息化辅助系统

生产现场设置的信息化辅助系统主要用于综合技放和安全防护，包括的检测、监控设备和报警点情况见表4-3-2。

表4-3-2　铁山坡气田生产现场检测、监控设备和报警点统计

序号	设备类型	检测点位	说明
1	节点压力检测设备	251个	检测井口油压、各级节流压力、进出站压力、设备装置各节点压力等，实现生产流程压力全面监控
2	温度检测设备	63个	检测井口温度、各级节流温度、计量温度、进出站温度等
3	液位检测设备	54套	检测计量分离器液位、吸收塔液位、放空分液罐液位等
4	计量设备	43套	原料气计量、燃料气计量、气田水计量等
5	点式气体检测仪	233套	从站场到管道全面覆盖，对气体泄漏全方位监测
6	火焰检测仪	38套	
7	开路式气体检测仪	32套	
8	激光云台	10套	
9	门禁系统	1套	对站场人员进入及非法闯入实时监控
10	张力围栏系统	1套	
11	站场喊话系统	1套	
12	次声波探头	11套	2种系统同时对管道泄漏进行监测预警
13	温感光纤	271个	
14	震感光纤	210个	对管线附近施工作业、人员活动进行监控
15	站场摄像头	42套	对全气田无死角视频监控
16	管道摄像头	65套	
17	无人机巡检系统	2套	在3号和5号阀室分别部署一座无人机机库，用于气田内部管道巡检和应急管理
18	摄像头监控设备	13套	设置在社区应急集合点
19	社区报警点	34个	基层应急报警地点

第五章
特高含硫智能气田应用成效和经验

铁山坡特高含硫智能气田于 2023 年 5 月 28 日上线试运行，2024 年 7 月 29 日正式上线运行，实现气田的智能化管理，应用成效显著，同时形成了一套特高含硫智能气田建设和运行管理的技术体系，积累了高效建设特高含硫智能气田的宝贵经验，打造了特高含硫气田数字化转型、智能化发展、安全高效开发的样板工程。

第一节 应用成效

铁山坡特高含硫智能气田以气田的全面感知、透明化展示和自动操控为基础,以气藏—井筒—地面一体化模型和智能工作流为核心,以生产智能管控平台(图 5-1-1)为依托,有效支撑专业一体化智能协同、开发生产智能管理、安全环保智能管控和经营管理优化决策四大业务应用,提升了气田生产、安全环保和经营活动的智能化管理水平,实现"全面感知、自动操控、趋势预测、优化决策、协同管控"的特高含硫智能气田开发生产新模式,促进了业务和组织变革,提升了管理效率和经济效益。

图 5-1-1　铁山坡特高含硫气田生产智能管控平台主页面

一、生产现场全面感知、透明化展示、自动操控

1. 全面感知

在气田建设期,依托由"西南油气田地面工程建设数字化管理移交平台"

第五章 特高含硫智能气田应用成效和经验

定制的"铁山坡气田飞仙关组气藏开发建设平台",将设计、采购、施工、安全管控、移交、归档等项目管理全周期、全流程线上流转,实现数字化、可视化、移动办公,项目全过程信息可追溯(图5-1-2)。

图5-1-2　铁山坡气田开发建设平台主界面

例如,对建设期管道焊接过程数据实时采集,对焊接工况进行在线监控与分析(图5-1-3);对施工现场进行全天候视频监视,实时了解生产进度和存在问题,实现远程监控和指导(图5-1-4)。

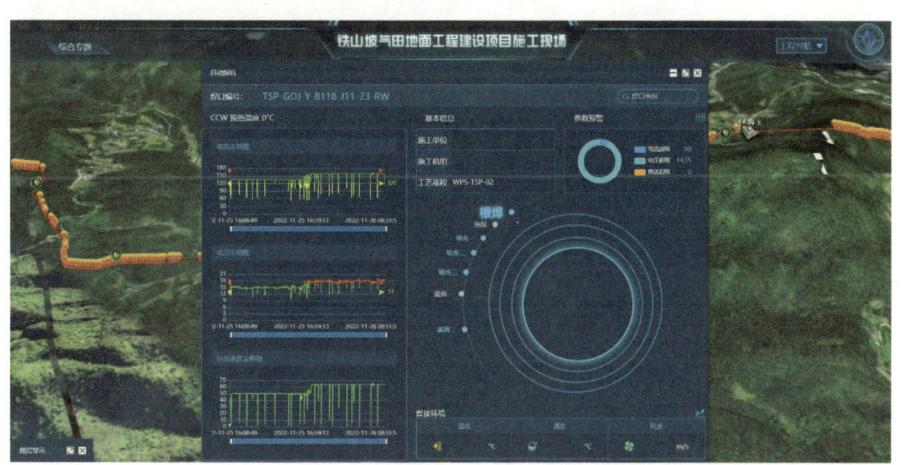

图5-1-3　焊接工况在线监控与分析

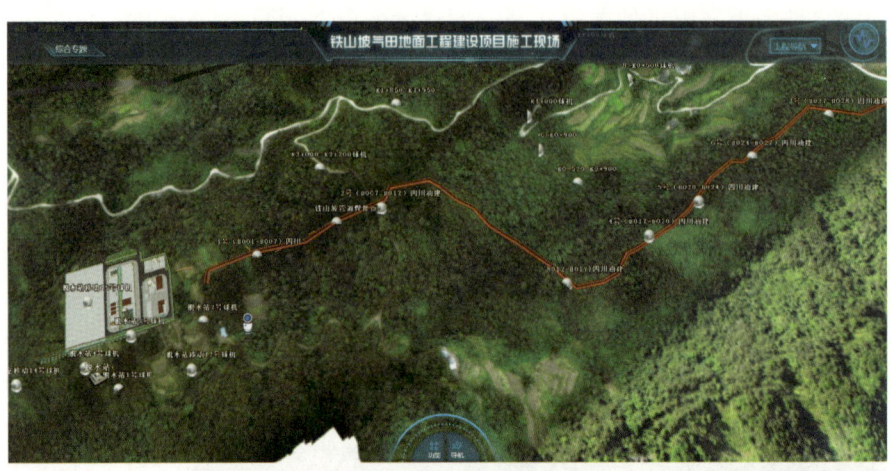
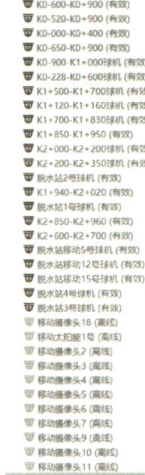

图 5-1-4　施工现场全程监控

基于 GIS 系统三维沙盘，接入人员实时定位数据，可以直观地掌控参建单位人员动向(图 5-1-5)。

对项目设计文件、施工过程表单、记录和管理类文件等重要数据进行数字化归档和移交(图 5-1-6)，形成地面工程建设实体数据，与运营期气田的生产实时数据、管理数据共同构建气田数据体，实现数据共享应用。

第五章 特高含硫智能气田应用成效和经验

图 5-1-5　施工现场人员实时定位

图 5-1-6　数据在线归档和移交

进入生产运行期，通过生产现场温度、压力、腐蚀等实时参数监测，硫化氢、光纤振动等泄漏检测，气象、地灾等环境监测及视频、无人机智能巡检，实现了生产现场的全面感知。

管道高后果区共设置云台式监控视频 65 套进行实时监视；在 3 号、5 号阀室部署两座无人机机库，可实现全线的远程启停操控、自主巡检，最长

8 min 可到达管道任意位置，还可搭载激光甲烷检测、语音喊话、远程点火等设备；在 4 座站场和 6 座阀室共设置了 42 台监控视频，并全部接入西南油气田安眼工程，实现对站场全天候、全方位的实时监视。

生产智能巡检分为摄像头智能巡检、无人机智能巡检和机器人智能巡检，其中摄像头智能巡检纳入自控部分，根据站场巡检任务，基于覆盖巡检区域的高清摄像机，实现仪表数据自动识别、设备状态自动检查、管线跑冒滴漏自动检查、设备外观完整性自动检查、周边环境和基础设施自动检查等，从而逐步代替人员现场巡检，实现站场无人值守，降低作业人员现场作业的频次。无人机、机器人辅助完成内输管线和井场巡检任务，并有效解决问题核实、应急处置和无人机低空防御的问题，从而代替人员现场巡检，实现站场无人值守，降低作业人员现场作业的频次。

全面感知一张图（图 5-1-7）集成展示了气田范围光纤振动预警、次声波泄漏、激光云台泄漏等十几类管道、站场监测设备报警和运行数据，以及管道高后果区、问题隐患和风险评价等数据，实现铁山坡气田区域监测设备报警信息及风险隐患数据的监控与闭环管理处置，保障气田生产运行安全。

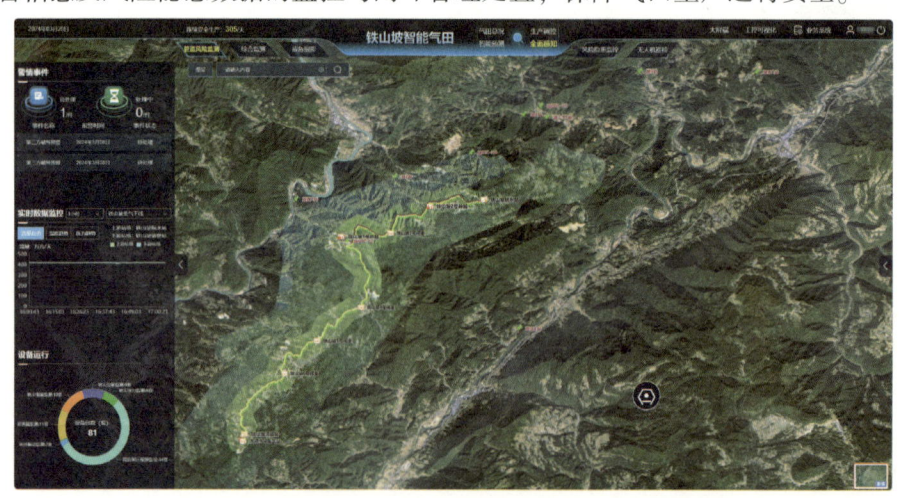

图 5-1-7　全面感知一张图

2. 透明化展示

铁山坡气田气藏、井筒、站场和管道关键参数覆盖率达到100%，全面应用3D建模、可视化、数字孪生和2D/3D GIS技术，实现气藏、井筒、站场和管道的透明化展示(图5-1-8至图5-1-11)，结合预警分析系统的实时数据，便于直观、快捷地对生产运行和应急指挥进行可视化和实时化管理。

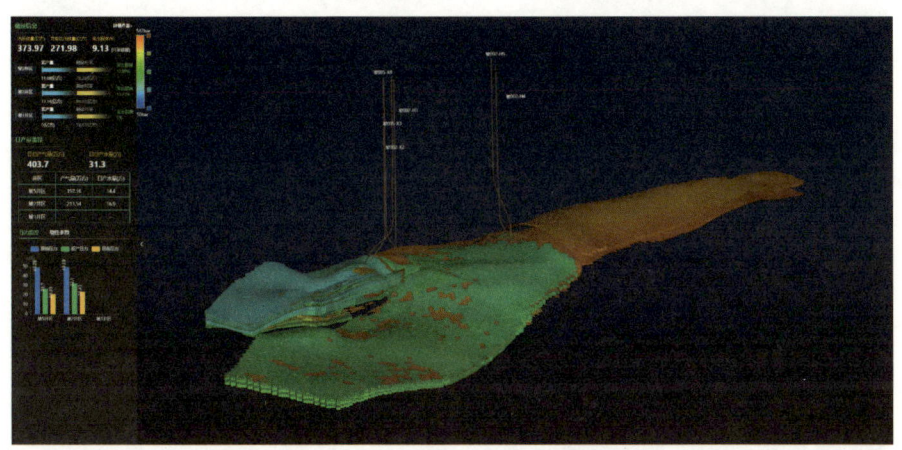

图5-1-8　气藏可视化示例

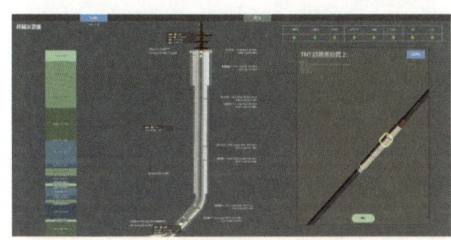

（a）井身结构展示

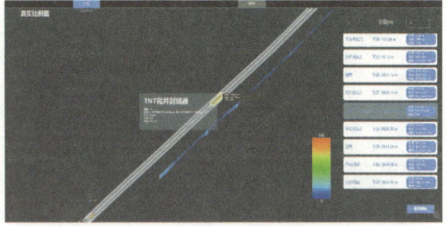

（b）井下管串展示

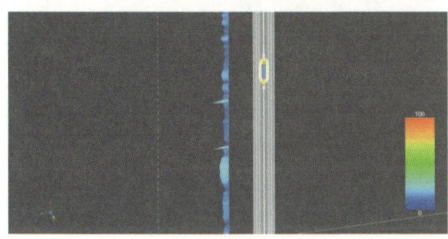

（c）固井质量识别

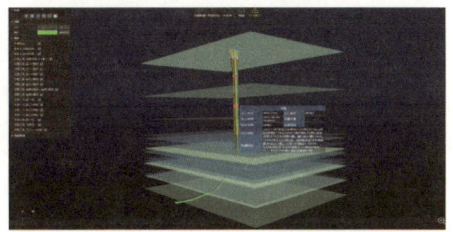

（d）井下复杂情况追溯

图5-1-9　井筒可视化示例

图 5-1-10　站场可视化示例

图 5-1-11　管道可视化示例

3. 自动操控

按照"安全规格等级最高、工业自控水平最高"的标准和要求，铁山坡特高含硫智能气田通过过程控制系统（PCS）、火气检测系统（GDS）和安全仪表系统（SIS）的建设，全面建成以"生产数据自动采集、生产过程联锁控制、生产区域自动布防、生产异常智能联动"为特征的自动化生产控制系统，实现生产现场的自动化过程控制及异常情况下的联锁控制，气田数字化系统覆盖率、远程控制覆盖率、泄漏监测覆盖率均达100%，在国内首次实现了特高含硫气田开发单井站的无人值守和远程开井。

在酸敏和生产过程中，在现场和中控室确认工艺条件后，通过PCS(DCS)实现气井的远程开关、井口一级/二级节流阀的远程调节和水套炉、放空火炬、干线阀室、脱水装置等设备设施的远程操作，实现从员工现场操作到远程操控的转变，降低了人员暴露在特高含硫环境下的风险。GDS用于站场的火焰和气体监测，4座站场共设置点式气体监测仪119台、火焰监测仪38台，线路上共设置点式硫化氢检测仪34台，将其在总平面布置图上进行组态监视，并将检测结果与SIS系统联动控制。以脱水站为例，其联锁逻辑为火焰监测14选2，点式气体监测55选4；而SIS系统则用于整个气田的联锁控制，在铁山坡设置5级共132条联锁逻辑，其中涉及全气田关停并放空的0级联锁1条，涉及72项设备设施的联锁动作，区域关停、火灾/泄漏区域放空的1A级联锁7条，区域关停、保压不放空的1B级联锁29条，装置及设备级的2级、3级联锁95条。各站场、阀室均达到了自动控制、远程操控的水平，紧急情况下，在气田中控室(图5-1-12)可完成气田的一键关停。

图5-1-12 铁山坡特高含硫气田中控室

二、开发生产智能诊断、优化、科学高效

通过构建气藏—井筒—地面一体化模型和运行智能跟踪与诊断、自动优化配产、水合物预测、硫沉积预测、段塞流预测、站场工艺模拟、开停井工况模拟、开停工工况模拟8个智能工作流，结合完整性管理和气田总况管理，实现生产运行状态一体化实时感知、趋势预测和优化决策，促进不同部门、不同岗位、不同层级间的高效协同，提高了气田开发生产科学管理水平。

1. 气藏—井筒—地面一体化模型

充分利用构造、地质、气藏、井筒、地面等模型，以及井筒成果、生产历史等数据，使用IPM软件完成气藏模型、井筒模型、地面模型及一体化耦合，构建了气藏—井筒—地面一体化模型，将各单个生产环节紧密地连接起来（图5-1-13）。其中气藏模型主要模拟了气藏的储量、地层压力、采出程度的变化情况；井筒模型模拟了井筒的温度、压力、产气量、持液率等参数；地面模型模拟了从井口、节流阀、加热炉、阀室等整个集输流程的120个节点的温度、压力、流速、气量等参数，整体准确率达到90%以上（图5-1-14至图5-1-17）。

一体化模型为各类智能化应用如智能跟踪诊断、自动优化配产、硫沉积预测、开停井工况模拟等智能工作流的运行提供了统一、实时的模型支撑，指导气田生产管理、全局优化和开发方案调整。

2. 智能跟踪与诊断

智能跟踪与诊断工作流以一体化模型为基础，通过数据驱动，实现气藏、井筒、地面管网及异常工况的诊断，主要模拟诊断SCADA监控中无法发现或细微变化的工况问题，比如由于管线和设备工况变化导致的产气量、产水量、

温度、压力异常,智能高效地排查和锁定生产系统中发生的问题,综合分析目前气田面临的生产瓶颈,制定合理的应对措施,实现科学决策。

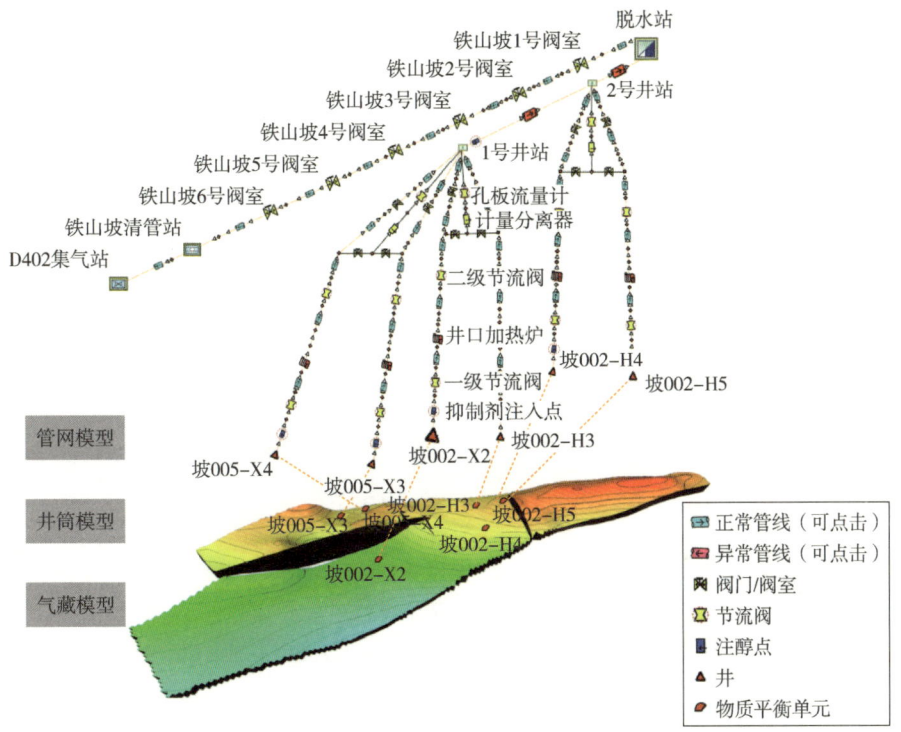

图 5-1-13　铁山坡气田飞仙关气藏—井筒—地面一体化模型

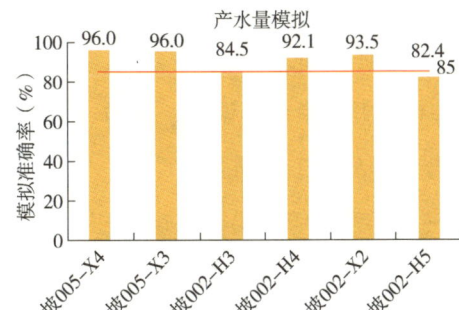

序号	井号	实际值（m³）	模拟值（m³）	差距（m³）	准确率（%）
1	坡005-X4	8.5	8.2	0.3	96.0
2	坡005-X3	8.4	8.1	0.3	96.0
3	坡002-H3	5.5	4.7	0.9	84.5
4	坡002-H4	4.7	4.3	0.4	92.1
5	坡002-X2	5.5	5.1	0.4	93.5
6	坡002-H5	4.6	3.8	0.8	82.4
合计	6	6.2	5.7	0.5	90.7

图 5-1-14　产水量模拟

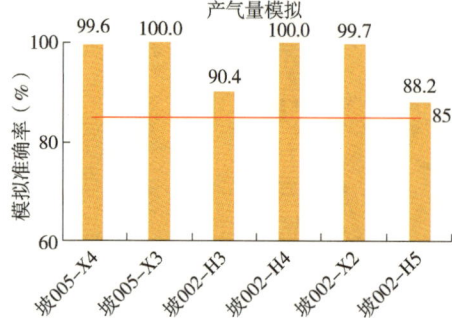

图 5-1-15　产气量模拟

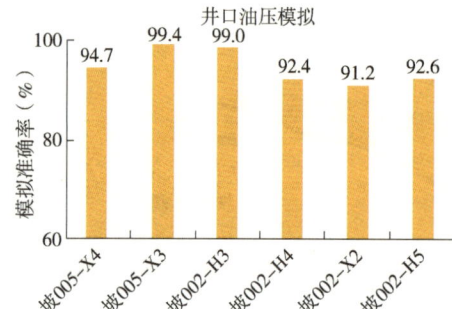

图 5-1-16　井口油压模拟

气藏模拟与分析：基于 Web 3D 技术展示 Petrel RE 的数值模拟成果，展示渗透率、孔隙度等在空间分布情况及模拟期内压力的变化。

井筒模拟与分析：基于 PROSPER 软件模拟井筒沿程的温度、压力、持液率、流速剖面，分析井筒存在的积液、水合物等异常工况问题。

管网模拟与分析：模拟井站管线和集气支干线的管线沿程温度、压力等，分析管线存在的水合物、管线积液等流动和安全保障问题。

模型诊断与优化：基于铁山坡一体化模型，模拟分析气藏、井筒、管网模型准确性。

第五章 特高含硫智能气田应用成效和经验

序号	管线	起始站点	终止站点	实际值（MPa）	模拟值（MPa）	差距（MPa）	准确率（%）
1	铁山坡1号井站至铁山坡2号井站集气支线	铁山坡1号井站	铁山坡2号井站	10.82	10.58	0.24	97.8
2	铁山坡2号井站至铁山坡脱水站集气支线	铁山坡2号井站	铁山坡脱水站	10.43	10.21	0.22	97.9
3	铁山坡脱水站至铁山坡1号阀室集气干线	铁山坡脱水站	1号阀室	9.73	9.54	0.19	98.1
4	铁山坡1号阀室至铁山坡2号阀室集气干线	1号阀室	2号阀室	9.86	9.67	0.19	98.1
5	铁山坡2号阀室至铁山坡3号阀室集气干线	2号阀室	3号阀室	9.92	9.73	0.19	98.0
6	铁山坡3号阀室至铁山坡4号阀室集气干线	3号阀室	4号阀室	9.72	9.52	0.20	98.0
7	铁山坡4号阀室至铁山坡5号阀室集气干线	4号阀室	5号阀室	9.52	9.35	0.17	98.3
8	铁山坡5号阀室至铁山坡6号阀室集气干线	5号阀室	6号阀室	9.37	9.21	0.16	98.3
9	铁山坡6号阀室至铁山坡清管站集气干线	6号阀室	大湾清管站	9.37	9.19	0.18	98.0
10	铁山坡联络线	大湾清管站	大湾D402集气站	8.85	8.88	0.03	99.6
合计	10			9.76	9.59	0.18	98.2

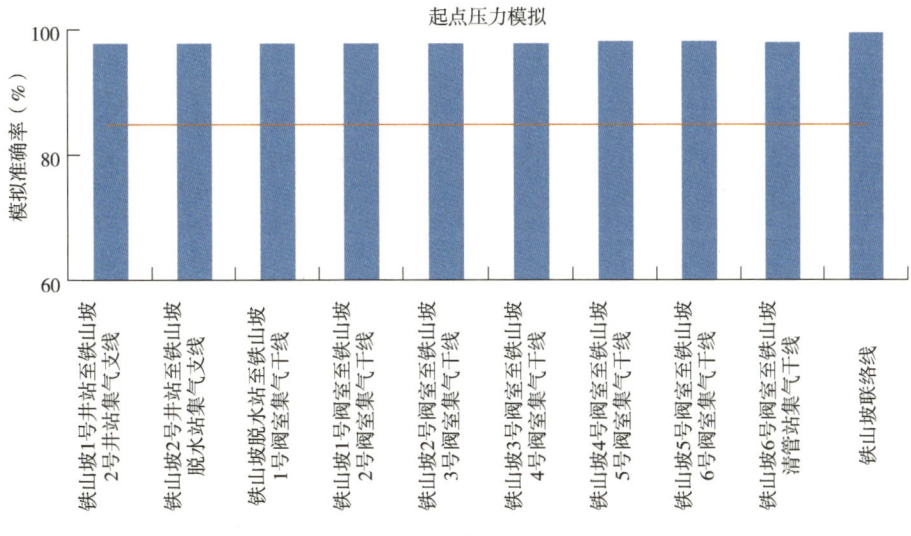

图 5-1-17 起点压力模拟

相关参数和效果如下：

（1）模拟气藏分区：3个开发单元，6个物质平衡单元；

（2）模拟气藏属性：压力、温度、储量、含气饱和度、含水饱和度等；

（3）模拟井数：6口；

（4）模拟井筒属性：井口温度、压力、日产气量、日产水量、井底流压、气体流速、持液率、携液流速、冲蚀流速等；

（5）模拟管线数：集气支干线10条，长度21.9km，站内管线53条，约700m；

（6）模拟管线属性：起点温度、终点温度、起点压力、终点压力、输气量、气体流速、持液率、携液流速、冲蚀流速等；

（7）模拟精度：约45m；

（8）模拟频率：日度监测；

（9）模拟准确率：90%；

（10）模拟参数覆盖率：100%；

（11）工况预警覆盖率：80%；

（12）预警情况：试运行以来，未出现过井筒和管线冲蚀、积液、水合物、硫沉积等工况预警，但出现井筒产水量预警10次和油压模拟预警7次，核实为工程液返排等影响，全部进行了处理并及时校正模型，保障模型的准确性，确保模拟结果可靠。

3. 自动优化配产

传统配产是根据气井一段时间的生产动态和前期的数值模拟研究成果制定的，不能及时准确反映气藏、井筒、地面相结合的最优工作状态。自动优化配产基于气藏—井筒—地面管网一体化模型，结合气藏压力、单井产能、井筒临界携液能力、临界冲蚀速度和集输系统处理能力等条件，设计"定目标配产、平衡配产、手动录入配产"3种不同的配产方式，其中定目标配产主要考虑部分单井需定量生产，而其余气井则需要根据边界条件进行产量的分配计算；平衡开发配产则主要考虑了在保证地面设施设备安全的情况下，以实现竞争开发区块的产量最大化为目标，优先对该区块的气井按照产量上限进行分配。在前端进行方案配置和边界条件的设定后，运行配产工作流驱动后台的模型进行运算，得到合理的年度、月度配产结果并推送到前端页面，提供给业务人员进行配产方案优选（图5-1-18）。

同时对不同配产方案可能出现的生产风险进行预测，包括对井筒、地面

第五章 特高含硫智能气田应用成效和经验

管线是否会出现水合物、硫沉积或者冲蚀等风险进行预测，从而辅助业务人员对配产方案进行筛选和优化，在提高配产效率的同时，增加配产的科学性、安全性和可行性(图5-1-19)。

图 5-1-18　模拟配产与计划配产对比

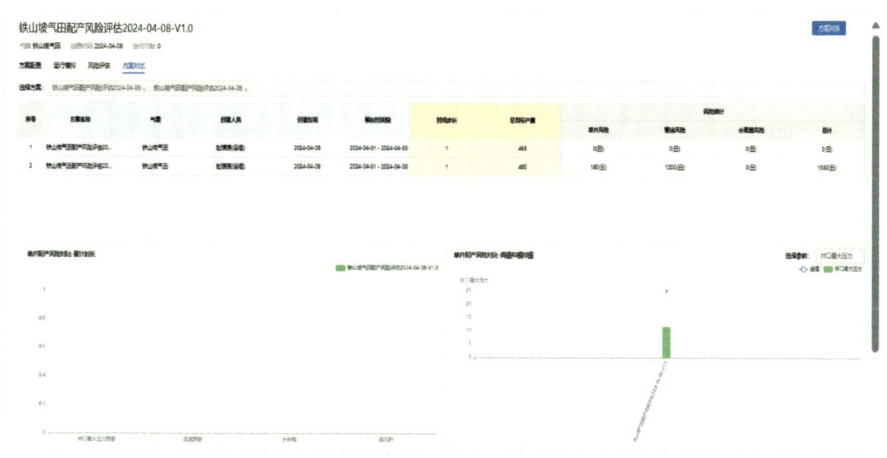

图 5-1-19　配产风险对比

通过智能配产结果与实际生产的对比，坡5井区吻合度较高，达到了99%，坡2井区吻合度为85%，总体在90%左右(图5-1-20)。

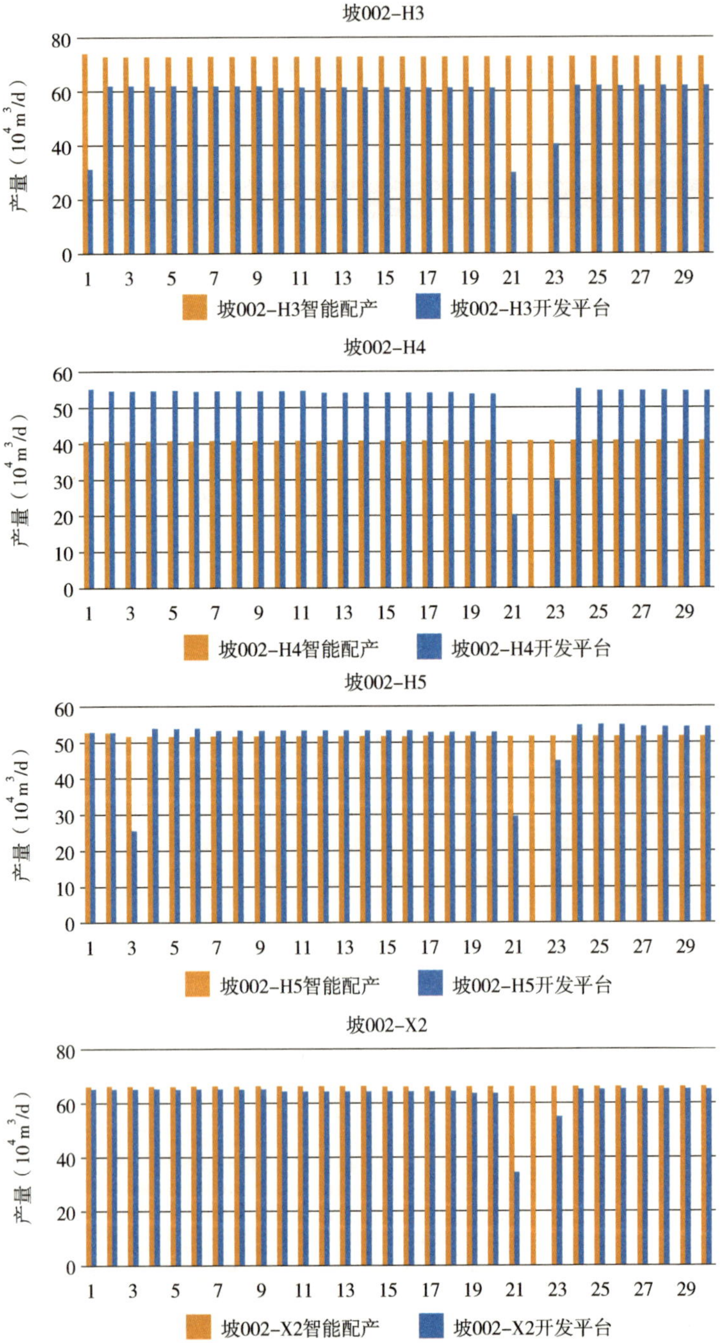

图 5-1-20 智能配产结果与最终配产值对比（2023 年 9 月）

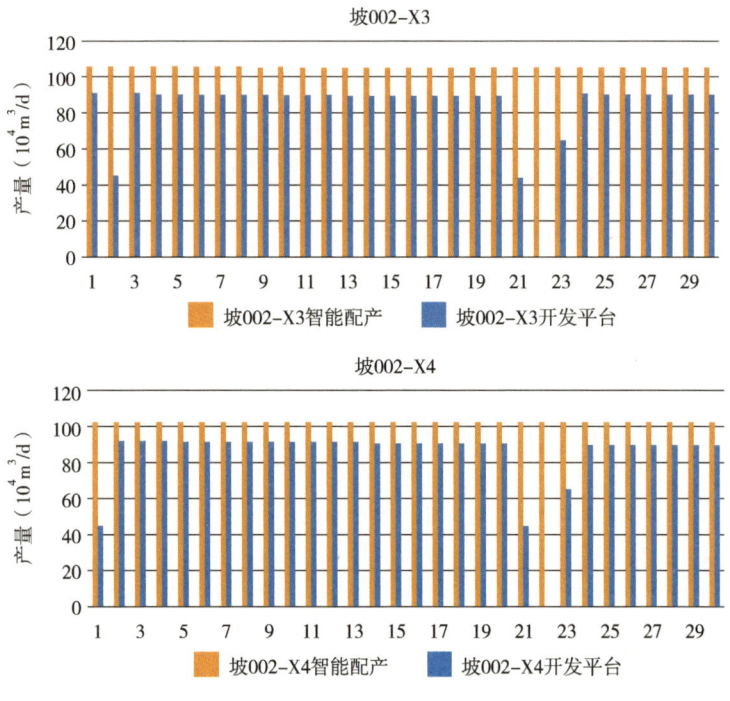

图 5-1-20　智能配产结果与最终配产值对比（2023 年 9 月）（续）

4. 硫沉积预测

铁山坡气田硫沉积预测基于 IPM 的多相流模型和西南石油大学提供的元素硫溶解度、吸附、沉降 3 个模型，综合形成了一套全新的硫沉积预测模型，计算各井筒、管段的硫析出量和沉积量，并自动预警。

相关参数和效果如下：

（1）硫沉积预测管线：63 段，集气支干线 22.20km，站内管线合计约 700m；

（2）硫沉积预测井数：6 口；

（3）模拟精度：井筒 1~80m，管线 1~160m；

（4）预测点位数据属性：温度、压力、气体流速、气体密度等模拟数据，元素硫溶解度、元素硫析出量、元素硫沉积量等计算数据，直径、长度、倾角等基础数据；

（5）预测频率：日度预测；

（6）预测准确率：70%；

（7）预测参数覆盖率：90%；

（8）预测范围覆盖率：90%；

（9）预警数据：0条；

（10）预警处理数量：0条；

（11）硫沉积预测情况：试运行以来结合现场业务人员经验和科研成果对硫沉积计算方法进行优化，调整后的模型结果与现场检查发现硫沉积情况较为符合。

硫沉积预测总况：在GIS地图上展示整个铁山坡气田井筒和管网的分布情况，并以高亮闪烁的方式对当前硫沉积预警情况进行展示，同时通过两侧浮窗简要列明预警井筒或管线硫沉积情况（硫沉积量、硫环厚度等），并可通过"更多详情"进入"预警及处置"获取初步处理建议，发起处置流程（图5-1-21）。

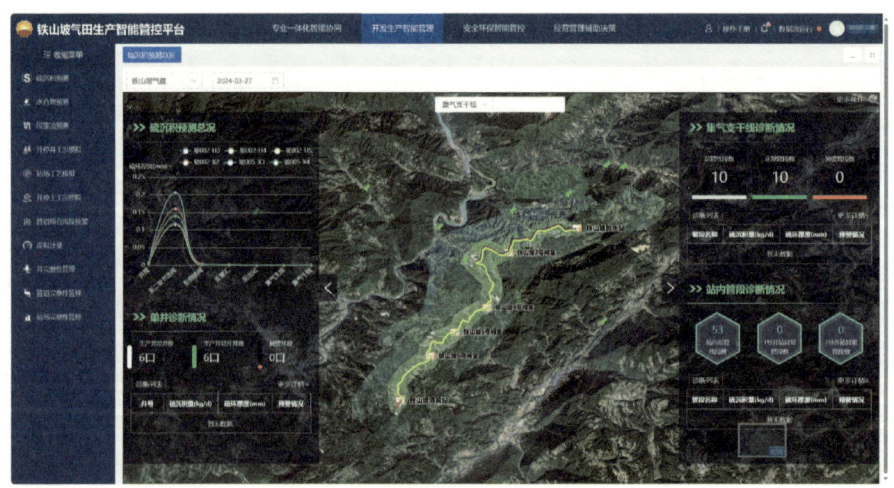

图5-1-21 硫沉积预测总况

井站硫沉积预测：主要以节流阀、倒换阀等为节点将站内集输系统分为63个监测管段，模拟并计算每个管段的硫沉积量，并进行预警。通过模拟计算发现，从4座单井站的井口到加热炉到出站再到脱水站的分离器和过滤器均有硫沉积，硫沉积量为 0.01~0.09kg/d。这与2023年6月16日下游国家管网停气检修期间，打开坡005-X3井一级、二级节流阀和坡005-X4井捕屑器滤筒处发现的硫沉积现象基本吻合（图5-1-22至图5-1-24）。

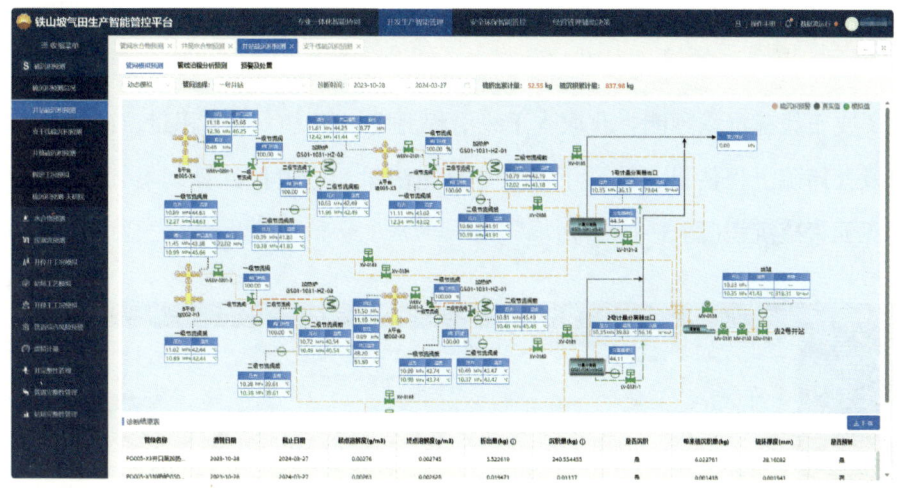

图5-1-22　井站硫沉积模拟预测

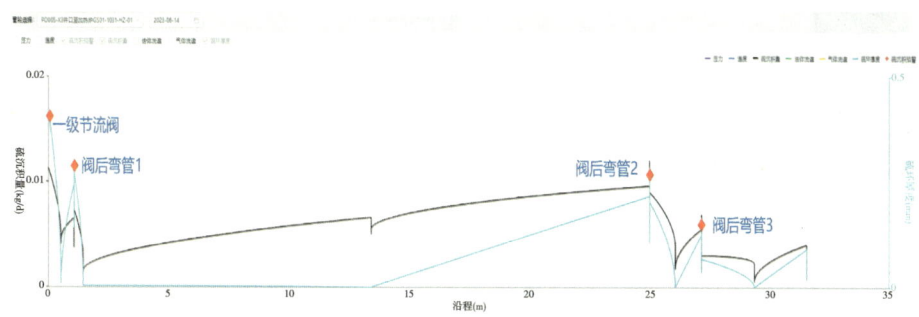

图5-1-23　坡005-X3井一级节流阀—加热炉段硫沉积预测曲线

（a）坡005-X4井捕屑器少量硫结晶　　（b）坡005-X3井一级节流阀　　（c）坡005-X3井二级节流阀

图 5-1-24　实际硫沉积情况

支干线硫沉积预测：获取支干线沿程温度、压力、硫沉积量、硫环厚度，以及井筒硫沉积估量，辅助下步生产措施决策。经模拟计算，集气管线上基本无元素硫沉积（图 5-1-25）。

图 5-1-25　管网硫沉积模拟预测

井筒硫沉积预测：由于 6 口井的溶解度均高于元素硫含量，所以无元素硫在井筒中析出，井筒暂无硫沉积。但随着气田的开发，地层压力下降、产气量变化，井筒还是会逐步开始出现硫沉积（图 5-1-26）。

第五章 特高含硫智能气田应用成效和经验

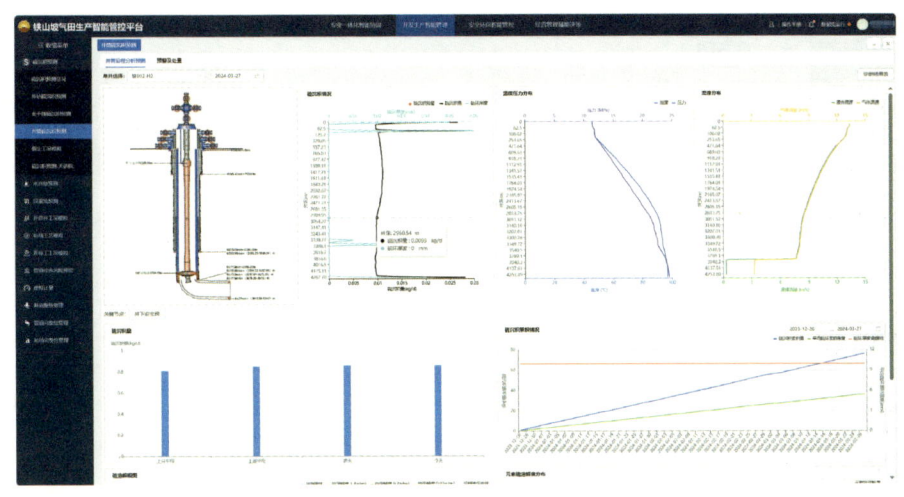

图 5-1-26 井筒硫沉积模拟预测

假定工况模拟：为了模拟压力和产量变化条件下的硫沉积情况，通过改变环境温度、产气量、压力等条件，可以模拟分析井筒、管线的硫沉积形成情况，提前做好生产预案。

5. 水合物和段塞流预测

水合物和段塞流预测与硫沉积预测类似。对 6 口井井筒、2 个井站、22.20km 集气支干线，站内管线合计约 700m（除盲端）的水合物风险进行动态预测，模拟结果表明 6 口井的井筒（图 5-1-27）和地面管线沿程温度整体高于水合物生成临界值，暂无水合物生成风险，与实际情况基本符合，水合物风险主要发生在投产启井阶段。

在集气支线湿气 6km 管线上进行段塞流动态预测（图 5-1-28），投产以来所有点位未出现报警，与实际情况符合，保障了设备正常运行和生产稳定运行。

将硫沉积、水合物和段塞流预测结果整合进智能跟踪与诊断工作流，实现气藏、井筒、管网整个生产环节的自动跟踪诊断和基于动态分析的过程管控及基于趋势分析的智能决策，为气田的科学、高效开发提供支撑。

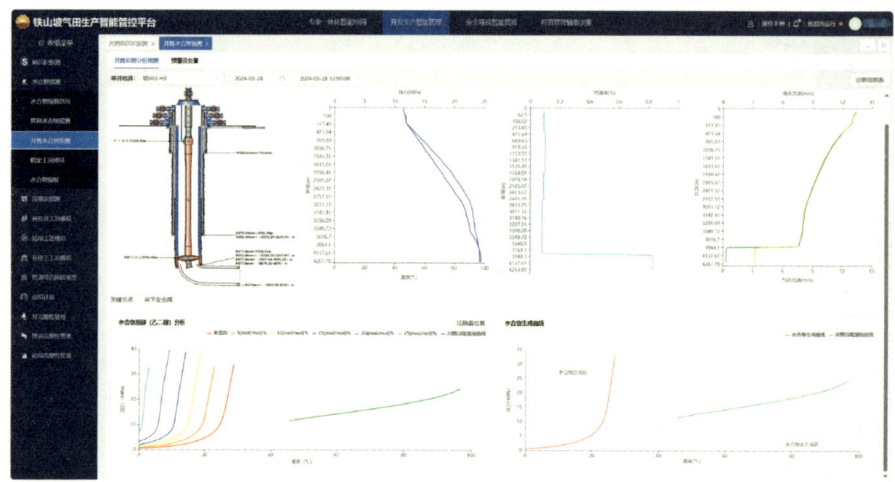

图 5-1-27 井筒水合物模拟预测

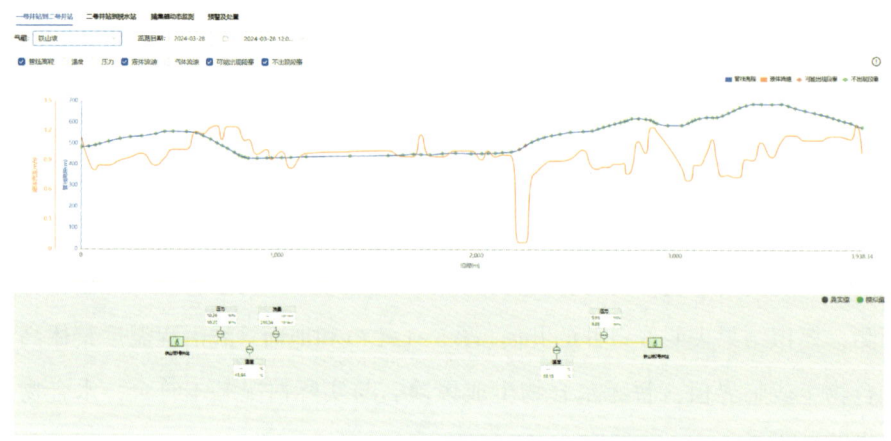

图 5-1-28 铁山坡 1 号井站至 2 号井站集气支线管线沿程段塞流预测

6. 开停井工况模拟

在铁山坡气田开井期间，基于气藏—井筒—地面一体化模型，通过多轮模拟运行，精准模拟了酸敏、投产、停输再启等不同开停井工况下的多相管流过程，预测沿程压力和温度、节流阀开度、水合物生成等重要生产参数，准确还原了气田从地下到地上的生产全流程，对开井过程中潜在的超压、水合物、积液、捕集器溢罐等风险进行预测分析，实现对不同开停井方案的对比优选和工作制度的优化，为开井方案的科学合理制定提供了依据。

以气田 2023 年 5 月 28 日投产工况模拟为例，首先设置模型计算的边界条件，包括气井产量、D402 集气站进站压力、管网环境温度、背压等，预测结果包括一级、二级阀门开度、各节点温度压力变化，以及管道段塞流、积液、水合物风险情况。

先看阀门开度的模拟情况，如坡 005-X3 井阀门开度的模拟值为：一级节流阀开度 60%、二级节流阀开度 53%，实际生产时为：一级节流阀开度 62%、二级节流阀开度 60%（图 5-1-29），准确率为 92.6%，其余 5 口井的准确率为 87%~93%，整体准确率达到 90.4%。

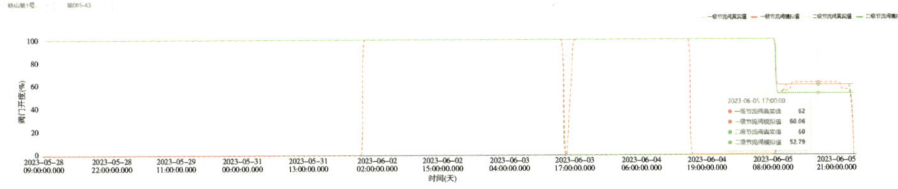

图 5-1-29　坡 005-X3 井阀门开度模拟

再看从开井到稳定生产过程中，温度和压力的模拟值与真实值的对比情况。坡 005-X3 井模拟的井口温度为 51.2℃，实际井温为 48.5℃，6 口井整体的井温模拟准确度达 95.6%。坡 005-X3 井模拟的井口油压为 15MPa，实际油压为 15.9MPa，6 口井整体的压力模拟准确度达 91.5%。

另外，通过对比模拟整个开井过程中集气支线进口和出口的产水量变化进行管线的积液分析，以 2 号井站至脱水站集气支线为例，产水量分为 4 个阶段（图 5-1-30），其中：

第一个阶段，5 月 28 日，坡 002-H4 井投产，管线日输气量达 $45 \times 10^4 m^3$，管线内气体流速 0.85m/s，由于低于 1.9m/s 的临界携液流速，主要以管线积液为主，积液速度为 $2.5m^3/d$；

第二个阶段，6月3日，坡002-H5井投产后，管线日输气量达$95×10^4m^3$，管线内气体流速1.8m/s，管线积液继续增加，积液速度为$5m^3/d$，1d后管线内总积液量最高达到$14m^3$；

第三个阶段，6月4日，受1号井站B平台2口井(坡002-H3井、坡005-X4井)投产影响，管线日输气量达$240×10^4m^3$，管线内气体流速2.7m/s，高速气体将管线里的积液带走，积液量减少至$6m^3$，被高速气体带走的积液，以及气井产生的水量，到达脱水站入口的峰值输水量为$20m^3/h$，但总体在捕集器$35m^3$的安全运行范围内；

第四个阶段，6月5日，A平台2口井(坡002-X2井、坡005-X3井)投产，总气量达$400×10^4m^3$，管线内气体流速6.5m/s，受高速气体冲击影响，管线积液继续下降至$1m^3$，随着生产趋于稳定，气液两相逐步平衡，到6月16日的时候，铁山坡气田对集气支线进行了一次清管，模拟的管线积液量$3.3m^3$，实际清出污水$4.5m^3$，基本吻合，这为后续支线清管制度的确定提供了科学参考。

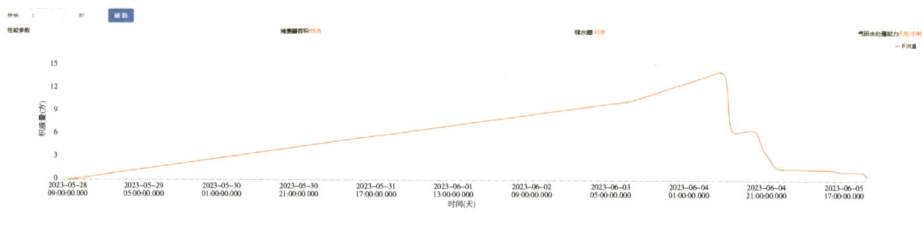

图5-1-30　2号井站至脱水站集气支线产水量模拟

整个开井模拟过程中，通过多轮次模拟分析，并与现场开井后的实际数据对比，模型精度可达到85%以上，为投产指挥和平稳生产提供了决策参考。

7. 完整性管理

通过集成西南油气田已有建设成果，完成铁山坡气田井筒、站场、管道完整性管理功能的建设，以井筒—站场—管道完整性管理和智能工作流为代表的开发生产全过程模拟和智能优化，实现了开发生产精益管理。

完整性管理相关数据如下：

（1）接入井筒6口，井筒数据接入比例100%；

（2）接入站场4个，站场数据接入比例100%；

（3）接入管道4条，管道数据接入比例100%；

（4）接入管道设施穿跨越、线路阀门、桩、光缆、收发球筒规格等数据2364条，设备设施接入比例80%；

（5）接入管道阴极保护设施基础信息、风险管理数据1524条，接入比例86%。

井筒完整性管理展示整个气藏的完整性等级、泄漏风险概况，以及环空压力风险，通过详细评价报告对问题进行追踪，制定解决方案，进行问题处理（图5-1-31）。

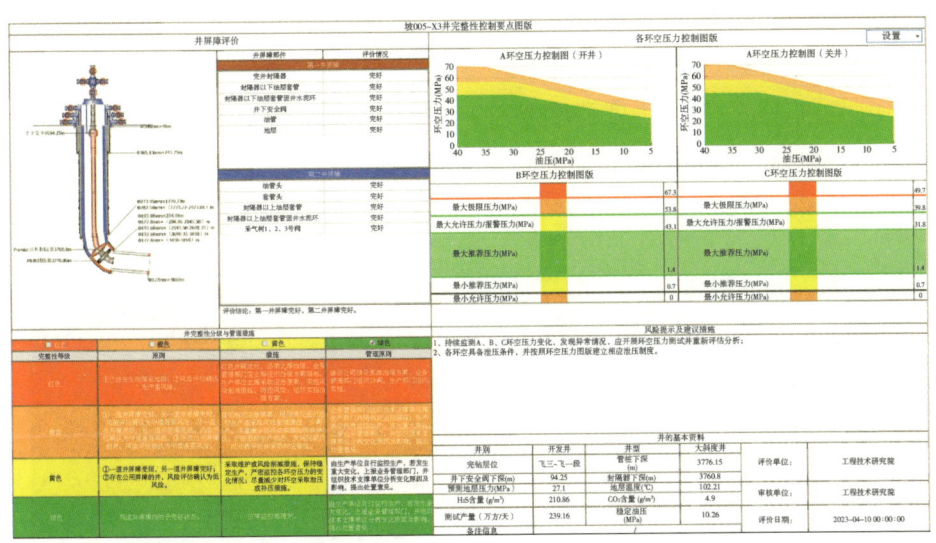

图5-1-31　井筒完整性管理卡片

站场完整性管理以地面工程数字化移交的站场三维模型为载体，将场站静态数据及动态数据在三维站场上与设备一一对应、挂接，形成站场数字孪生的基础，并集成站场的风险评价、监测检测评价、维修维护，以及效能评价数据,构建了场站完整性从数据管理、数据可视化到数据分析一体化管控系统(图5-1-32)。

图5-1-32 站场完整性管理

管道完整性管理实现高后果区识别和风险评价、自然灾害风险评价、管道缺陷智能评价、剩余强度及剩余寿命预测、输气管线H_2S腐蚀分析、内外腐蚀智能预测、维修维护和效能评价、安全等级评估模型和管道失效识别,实现管道完整性综合管理(图5-1-33)。

图5-1-33 管道完整性管理

8. 生产调控

通过气田总况、井筒—站场—管道完整性管理、水合物—硫沉积—段塞流预测、开停井工况模拟等，全方位、多角度、可视化展示铁山坡气田开发生产情况，及时进行生产调控和协同优化。

通过气田总况一张图（图 5-1-34）汇总展示铁山坡气田的勘探、开发、生产运行和运维监控关键信息，包括资源储量、油气生产、采油气工艺、管网运行、综合监测、水电等 60 余个指标数据，辅助支撑气田业务管理工作。

图 5-1-34　气田总况一张图

通过油气开发一张图（图 5-1-35）汇总展示每口井的日产数据和气田当日、当月、当年、历年产量数据及开发指标、气质组分等。

通过运维监控一张图（图 5-1-36）汇总展示管道和站场的巡检、任务处理、检修记录、设备台账和设备监测情况。

通过生产调控一张图（图 5-1-37）汇总展示气田生产运行、水电讯运行监控、自然灾害防治和地震气象影响分析等方面的信息，对生产计划、日数据、实时数据、水电消耗、通信运行、停电记录、灾害风险、预警预报、应急物

图 5-1-35　油气开发一张图

图 5-1-36　运维监控一张图

资、灾害隐患等各类生产运行数据进行动态监控、预警提醒及影响分析，满足气田生产调控管理需要。

通过智能预测一张图（图 5-1-38）汇总展示智能跟踪与诊断、硫沉积预测、水合物预测、自动优化配产和经济评价成果，辅助生产和经营决策。

第五章　特高含硫智能气田应用成效和经验

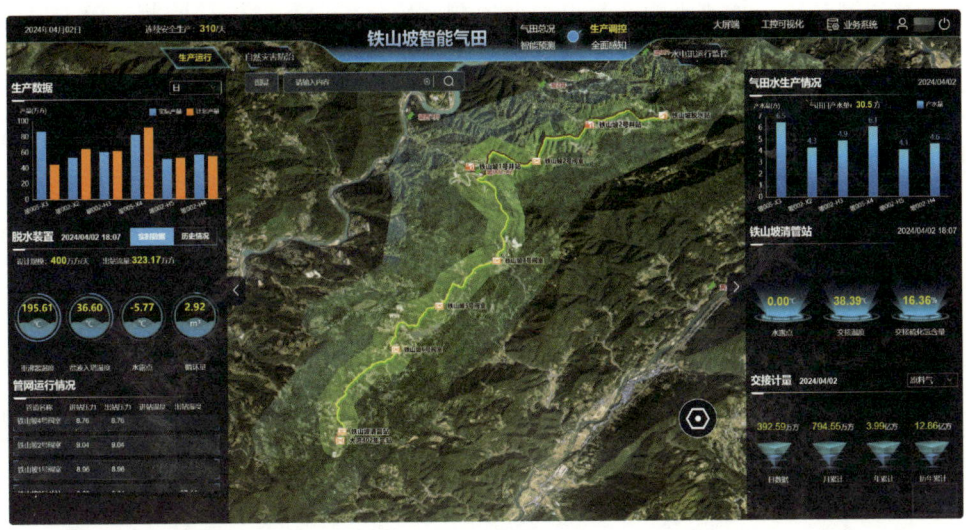

图 5-1-37　生产调控一张图

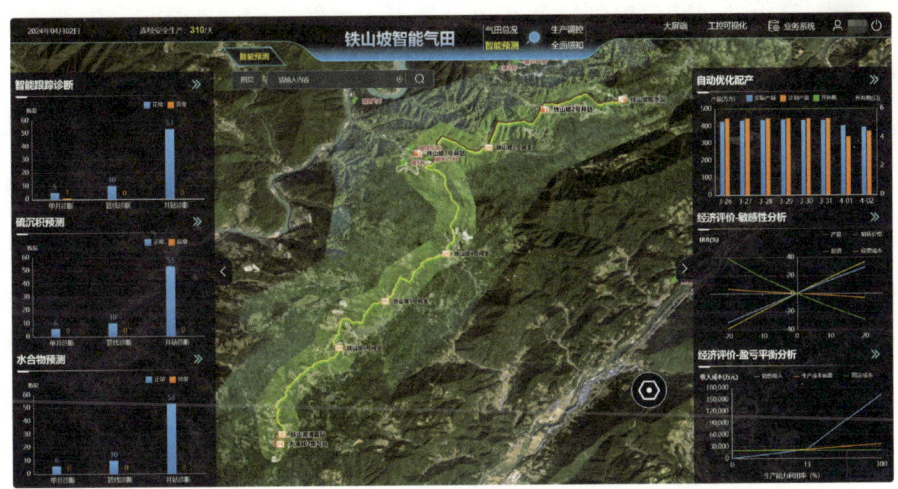

图 5-1-38　智能预测一张图

三、气田智能安防、全面受控

针对特高含硫气田开发生产对安全环保管理的高标准、严要求，整合自动化控制系统、腐蚀监测、管道泄漏监测、硫化氢监测、振动监测、应力监测、高后果区视频监控、无人机巡检、入侵报警等多种智能化监测手段，以及火灾报警、门禁、消防系统、社区报警、气象和地灾监测等手段，构筑起铁山坡特高含硫气田智能安全环保体系；结合智能预警、周边环境分析、应急响应等，构建多手段联动指挥与事后分析一体化的应急指挥体系，建立从事件接警、影响分析、多级协同响应、应急部署规划、应急资源调派到事后分析的应急联合演练和现场应急处置全流程管理系统；通过安全通APP、智能安全帽、无人机实现指挥中心与事故现场的协同处置，确保应急处置有序高效，最终确保铁山坡气田开发生产安全环保、全面受控，确保气田生产的本质安全。

1. 现场调查与规划

针对铁山坡特高含硫气田的高风险特点，根据现场调查结果，按照定量风险评价（QRA）进行评估，将管道周边划分为1500m、3410m 2个圈层共14个应急社区，对社区内的人居及幼儿园、养老院、市场等特定场所进行了详细调查，管线周边3410m范围包含2661户20430人，特定场所20个。管道沿线设置了34套报警系统、42处紧急集合点和5个应急响应小组，并对管线周边3410m范围内撤离路线进行了摸排和规划。

在分析评估罗家寨和普光气田应急响应措施有效性的基础上，设置气防站、硫化氢庇护所、社区报警系统等，与火气系统联动，结合三维设计模型规划逃生通道、确定疏散路线、集合点，使得安全管理和应急响应措施更具针对性。

2. 一体化风险隐患监控

集成铁山坡气田所有监测预警系统，接入多种生产要素的风险监控与趋势预警数据，按不同时间周期、不同类别分级展示预警情况，实现生产现场井筒—站场—管网一体化风险隐患全天候、全方位实时监控，并提供统一的警情监测功能,在线实时监测视频监控、光纤振动监测、腐蚀监测、泄漏监测系统等各类预警信息,实现一键报警、快速定位并关联实时数据和周边环境进行分析,接入即时通和短信平台,通过配置消息推送触发条件,自动推送相关责任人。

3. 气田生产本质安全保障

通过物联网系统和自动化控制系统实现了气井远程开关、关键设备远程调节、设备设施远程操作,降低了人员在特高含硫环境下的暴露风险。

由 SCADA+PLC+SIS+GDS 构成具备 SIL2 等级的工业控制系统,设置 5 级安全联锁控制,控制系统通信双备份双冗余,气田内通信采用天地双网+气田级环网,确保整个气田控制系统更加稳定可靠,实现生产现场自动控制、无人操作。

通过 DCS(Distributed Control System,分布式控制系统)实现气井的远程开关、井口一级/二级节流阀的远程调节和水套炉、放空火炬、干线阀室、脱水装置等设备设施的远程操作,实现员工现场操作到远程操控的转变。

通过 GDS(Gas Detection System,气体检测系统)实现站场的火焰和气体监测,4 座站场共设置点式气体监测仪 119 台、火焰监测仪 38 台,线路上共设置点式硫化氢检测仪 34 台。

SIS(Safety Instrumented System,安全仪表系统)用于整个气田的联锁控制,实现各站场、阀室的自动控制、远程操控,紧急情况下,在中控室可完成气田的一键关停。

4. 无人机远程巡检

西南油气田联合无人机厂商针对性开发出适合油气田使用的工业级无人机,在铁山坡 3 号与 5 号阀室分别部署了一座无人机机库,用于铁山坡特高含硫气田内部的应急管理与管道管理。两个机库的无人机系统实现远程启停和使用操控,无人机最长 8min 可到达管道任意位置,对管线定期自动巡检,具有飞行轨迹全程监控、实时视频回传、管道隐患自动识别、第三方破坏远程喊话驱离、巡检结果自动上报等功能，构建起无人机智能巡线应用新模式，代替人员现场巡检，实现站场无人值守，降低作业人员现场作业的频次，保障天然气管道安全平稳运行(图5-1-39)。无人机还可搭载激光甲烷检测仪、语音喊话装置、远程点火设备等，用于日常或应急情况下气体检测、远程喊话、远程点火等工作，极大地提升了铁山坡气田的应急管理水平与管道管理水平。

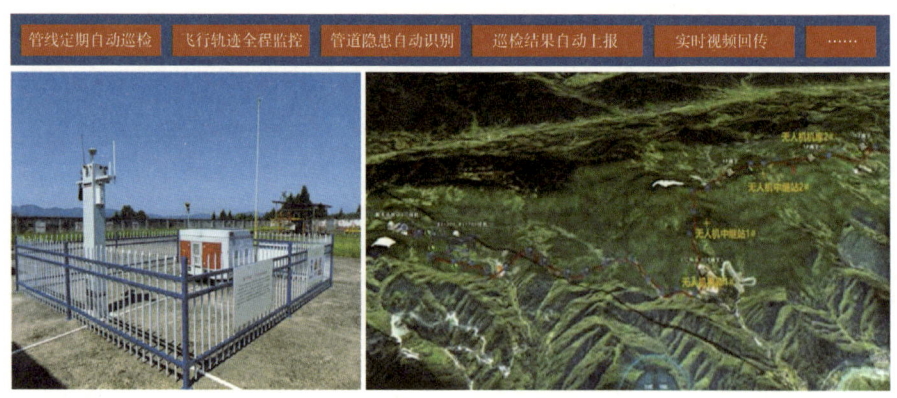

图5-1-39　无人机智能管道巡检系统

通过打通指挥中心、无人机、智能安全帽、手持终端的连接，提供指令下达、人员定位、在线通知、任务在线反馈等功能，实时反馈气体监测情况、现场文字和音视频信息，实现在线智能部署，方便应急人员及时掌握事故现场动态。

5. 应急联合演练

2023年4月至5月，在铁山坡气田试投产期间举行了管道泄漏应急联合演练(图5-1-40)，通过接警、影响分析、事件分级、协同指挥等功能，全面验证了应急指挥系统应急处置有序高效，确保了6月正式投产工作的安全、顺利推进。

第五章 特高含硫智能气田应用成效和经验

图 5-1-40　应急联合演练指挥中心

首先是填报报警信息，包括报警人姓名、电话和警情描述，并上报警情。接警后系统自动跳转到影响分析页面（图 5-1-41），根据报警点位置信息，分析上下游管道、站场、阀室影响范围及周边应急资源情况，根据影响分析结果及现场情况启动事件分级，匹配相应的应急处置预案，查看应急处置流程及要求，向相关人员发送事件简报及短信通知，对进入到 500m 范围内的人员发送短信提示。

图 5-1-41　警情影响分析

在协同指挥方面,提供事件简介、实时监控、在线指挥、扩散分析、电子围栏、处置进程等功能,为现场应急处置提供辅助支持。

通过实时监控功能可查询移动气象站及车辆实时信息,通过在线指挥功能统计事发点影响的分区及范围内人居、特定场所、紧急集合点、社区报警点数据,针对社区报警可在线发送报警通知。通过扩散分析功能结合事故点位置、实时气象等数据,利用高斯烟雨模型动态模拟气体扩散速度及影响范围,为现场指挥人员对周边群众疏散、撤离提供辅助支持(图5-1-42和图5-1-43)。为保障现场抢险人员安全,通过电子围栏功能,以事故点周边1500m构建电子围栏,及时提醒进入电子围栏范围的人员,确保现场抢险人员的安全。

事件结束之后,系统根据应急处置过程生成事故简报(图5-1-44)、演练评估、问题整改和问题统计,辅助对事件处置的复盘分析。

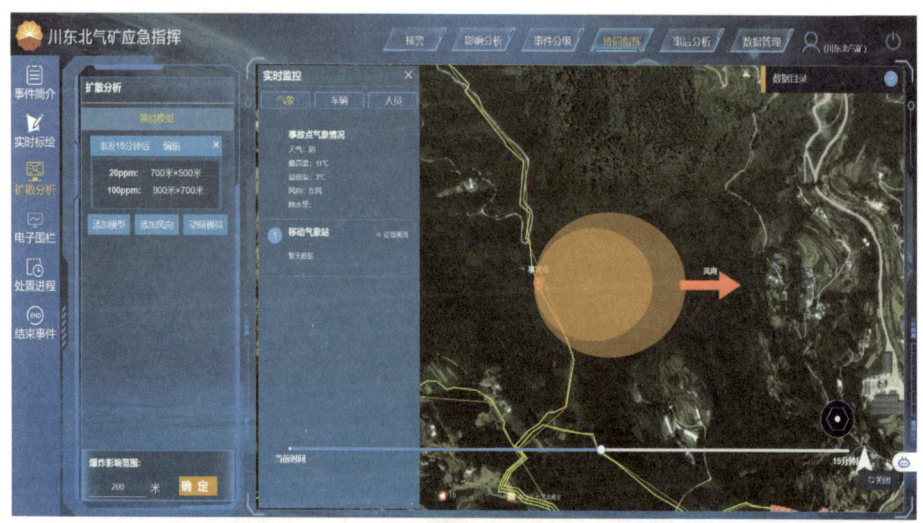

图5-1-42 在线模拟泄漏气体扩散情况

第五章 特高含硫智能气田应用成效和经验

图 5-1-43 在线指挥制定撤离方案

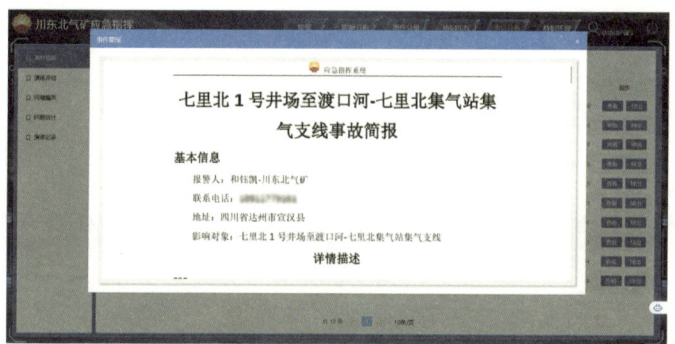

图 5-1-44 事故简报

四、辅助经营管理决策

经济效益评价模块功能涵盖了项目全生命周期，包括项目前评价、跟踪评价和后评价，按照中国石油统一的评价标准结合川东北气矿的业务特色，分析并梳理项目经济评价的参数类型、评价指标与算法模型（6 张数据表，5

— 175 —

个算法模型），录入项目基础参数、成本费用、价格产量、项目建设期投资费用等46个评价参数，估算项目总投资金额、流动资金、年均营业收入、年均生产成本、年均利润总额等11个指标数据，实现投资估算、资金筹措、产量预测、投资回报等经济评价指标汇总（图5-1-45），并进行盈亏平衡分析和敏感性分析，辅助经营管理决策。

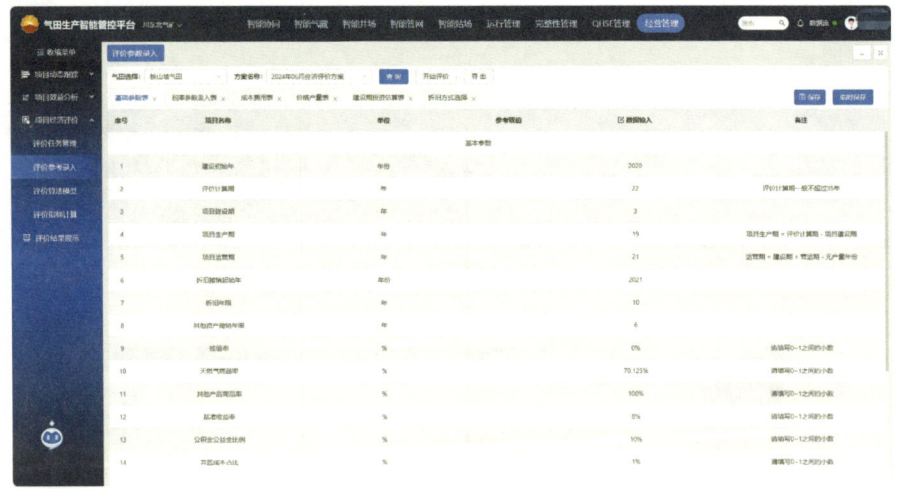

(a) 评价参数录入

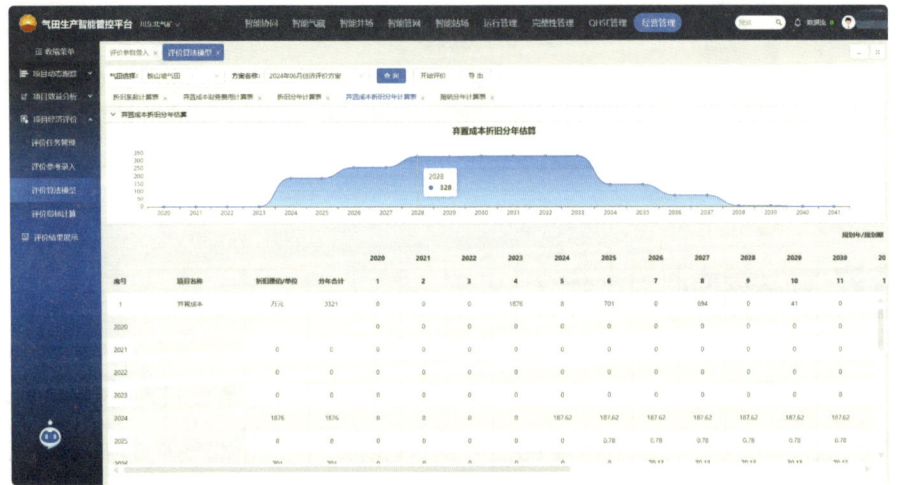

(b) 评价算法模型

图 5-1-45 项目经济评价

第五章 特高含硫智能气田应用成效和经验

（c）评价指标计算

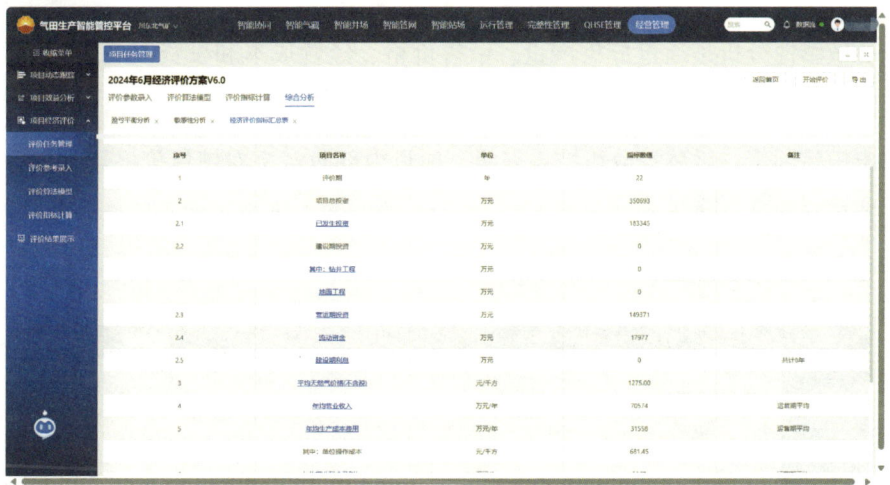

（d）评价指标汇总

图 5-1-45 项目经济评价（续）

盈亏平衡分析是通过分析销售收入、生产成本费用和固定成本的变动情况，判断项目对产出品数量变化的适应能力和抗风险能力。当生产能力利用率为 31.24% 时，销售收入为 18756.15 万元，生产成本为 18756.15 万元，固定成本为 12601.69 万元，达到盈亏平衡点，实现了扭亏为盈。随着生产利用率的提高，气田的盈利也相应提高（图 5-1-46）。

— 177 —

图 5-1-46 盈亏平衡分析

敏感性分析是通过分析产量、销售价格、经营成本和投资四项不确定因素发生增减变化对财务内部收益率的影响。通过计算敏感度系数和临界点，找出敏感因素。敏感性分析结果表明，项目内部收益率对销售价格最为敏感，当达到敏感性分析表中基本方案的27.54%时，四个维度敏感性因素各自达到了相关因素的临界点(图5-1-47)。

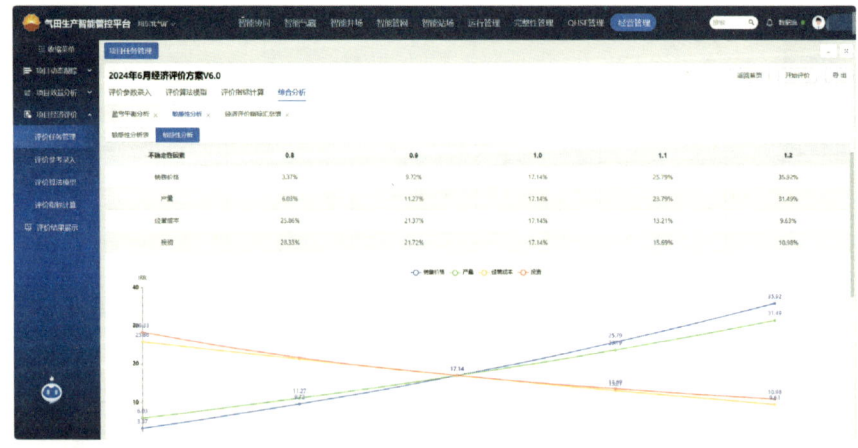

图 5-1-47 敏感性分析

将钻完井投资、生产运行成本与天然气价格、税率、硫黄价格、气井产量趋势、生产措施开展相结合，滚动评价气田综合效益、建设期效益、运营期效益，实现经济效益的一体化分析，滚动指导开发方案调整，为生产计划规划提供决策支撑。

五、推动业务和组织变革

智能气田以气藏—井筒—地面一体化模型和智能工作流为核心，构建以生产监控、多相流模拟、故障诊断预警、生产优化为一体的运行模拟评价方法，实现"全面感知、自动操控、趋势预测、优化决策、协同管控"的特高含硫气田开发生产新模式，推动业务流程再造和业务模式改变，深化了业务和组织变革，探索了共建共享新模式，助推企业数字化转型和智能化发展，实现油气全产业链的智能生态运营模式。

例如，利用智能工作流对现有的异常工况监控和处置流程进行优化，对SCADA监控中无法发现或细微变化的工况问题进行补充；模拟分析、诊断、预测和锁定由于流动状态改变导致的冲蚀、积液、水合物、段塞流、硫沉积等问题，优化铁山坡中心站员工对井筒、管线的异常发现流程，以及气矿开发科、科研所等对气藏、井筒、地面管网的分析流程。

通过构建覆盖开发、运行、安全全业务的智能应用，依托生产运行可视化、现场操控无人化、全气田自动联锁、智能辅助巡检、无人机智能化巡检等技术手段，实现井站无人值守，有效降低员工在特高含硫风险区域暴露风险，实现现场管理的转型。

在铁山坡气田中控室，设置了三排工位，第一排部署的是SCADA和视频监控系统，实现远程操作、自动控制和实时监视；第二排有气田集输系统上的激光甲烷检测、分布式声学、温度感应、次声波、管道应力监测、地灾监测等13套技防系统，用于整个集输系统的实时监测；第三排部署的是远程无人机操控平台、社区报警、门禁等安防系统。整个中控室日常上班人员为5人，其中SCADA系统操控2人、视频监控1人、其余技防监视和社区应急联动处置1人、日常总体管理1人，较以往管理模式减少定员30余人。

六、经济效益显著

通过全面运行覆盖铁山坡气田开发、生产、经营业务的智能化管理体系，高效模拟、诊断、监测气田运营过程中存在的问题，优化开发生产方案，挖掘气田内部潜力，以及组织扁平化，有效精简机构，显著减少用工总量，显著提高了铁山坡气田的工作效率、经济效益和管理水平，实现特高含硫气田安全、清洁、高效、规模化开发。

例如，通过远程监控和自控系统实现采气站场无人值守率100%；通过智能巡检，人员巡检频次下降70%，管道高后果区人员巡检时间下降90%；通过智能工作流提前模拟、预警和生产优化，实现开发提质增效，显著提高风险诊断频率(从月度到日度)；利用假定工况和开工模拟进行方案制定，显著提高方案制定效率(从20人·天降至2人·天)；铁山坡中心站利用工作流将原来1周的工作量在1d内完成，显著提升中心站运行管理效率。

对标同类型传统气田生产单位，节约用工72人，铁山坡智能气田人均劳动生产率和利润指标是传统生产气田的2倍以上。

第二节　经验与展望

一、经验

在铁山坡特高含硫智能气田建设过程中和投入运营后积累了许多有益的经验，对其他特高含硫、高含硫气田及常规油气田的智能化建设具有参考和借鉴价值。

（1）在铁山坡特高含硫智能气田建设的准备阶段就成立由建设方和承建方相关人员组成的联合项目团队，明确各自职责，各方紧密配合，共同参与调研、设计和实施，保证了项目的顺利推进和达到预期效果。

（2）特高含硫智能气田建设目标设定和方案设计要符合气田开发生产实际需求，紧紧围绕安全、生产、协同和效益，以有效支撑气田生产和运营。在铁山坡特高含硫智能气田建设中采用了智能视频监控、硫化氢监测、管道腐蚀监测、管道泄漏检测、光纤振动监测、入侵报警、物联网、自动化控制数字孪生、大数据分析、GIS、无人机巡检等先进技术，构建了气藏—井筒—地面一体化模型和 8 个智能工作流，实现了生产可视化和应急指挥可视化，为气田的安全环保、生产管理和经营管理提供了先进、有效的数字化、智能化手段。

（3）特高含硫智能气田建设要与气田产能建设同步进行设计和实施，信息基础设施和软件系统功能在建设期、试投产期和投产期直接服务于开发地面工程建设和生产并接受检验，有利于软硬件系统的不断完善，避免与实际需求脱节。

（4）软件开发充分利用云平台资源，便于快速推广复用。铁山坡特高含硫智能气田生产智能管控平台基于中国石油勘探开发梦想云研发，采用微服务、模块化方式形成了一套技术开发体系，可以快速、低成本在西南油气田渡口河—七里北、桃花、高石梯等特高含硫气田及国内常规油气田的智能化建设中得到推广应用。

（5）为发挥智能气田的效能，需要及时开展用户培训，编制和实施配套的管理规范。铁山坡特高含硫智能气田建设联合项目团队编写了系统的用户手册和培训教材，对气田技术人员、管理人员和维护人员开展了系列培训，确保了软硬件系统的投用；编制了相关技术标准和管理规范，促进了智能气田软硬件系统使用和维护工作的正常化和标准化。

二、展望

（1）匹配铁山坡气田业务发展，坚持以"数字化转型、智能化发展"为总体目标，在已取得成果的基础上，继续推进和完善智能气田各环节，增强智能气藏、智能井场、智能管网、智能站场和智能协同功能，以信息技术支撑铁山坡气田提质增效、智能化高质量发展。

（2）完善专业模型运维制度，结合实际生产持续开展模型迭代优化，支撑智能气田生产智能管控平台的常态化运行。气藏、井筒、管网、站场和一体化耦合模型通过接入实际生产实时数据并开展模型在线运行得到了验证和优化，但由于生产动态的变化和影响生产的因素较多，模型需要通过不断地与实际生产动态进行分析比对，持续提升模型的准确度，形成相对稳定和完善的运行基础模型和迭代更新机制。

（3）紧密结合用户使用情况，持续开展软件功能迭代优化。智能气田建设是一个持续完善的过程，生产智能管控平台等系统虽然已全面运行并经过多轮次优化，但各系统还需根据用户使用情况和反馈的意见持续进行功能的迭代优化。

（4）结合西南油气田统一安排，持续开展关键数据接入工作。虽然已开展了大量数据治理工作，但由于通过多种方式接入了第三方系统和项目的数据，在数据源接口、数据源质量、数据提供时间等方面还存在不足，影响了数据的接入和更新，需要持续开展数据迁移和数据入湖工作。

（5）完善配套的运行管理规范。在进一步落实智能气田配套运行管理规范的同时，根据实际运行情况对管理规范加以完善，并加强相关培训和考核工作，持续提升智能气田系统使用和运维水平。

参 考 文 献

李剑锋，肖波，肖莉，等，2020. 智能油田[M]. 北京：中国石化出版社.

王寿平，彭鑫岭，吕清林，等，2018. 普光智能气田整体架构设计与实施[J]. 天然气工业，38(10)：38-46.

康建国，傅敬强，刘晓天，等，2021. 西南智能油气田[M]. 北京：石油工业出版社.

杨剑锋，杨勇，王铁成，等，2021. 梦想云平台[M]. 北京：石油工业出版社.